贵州省科技支撑项目（黔科合支撑[2024]一般140）资助
贵州省基础研究（自然科学）项目（黔科合基础-ZK[2022]一般529）资助
贵州省院士工作站（黔科合平台人才-YSZ[2021]001）资助
六盘水师范学院专业综合改革试点项目(LPSSYzyzhggsd202001)资助

生态脆弱区煤炭开采MICP 绿色固化材料及关键技术

■　　高　颖／著

中国矿业大学出版社

·徐州·

内 容 提 要

　　本书在矿业工程领域沿空留巷工程、注浆防治水工程、瓦斯抽采工程及地裂缝修复工程等方向创建了 MICP 绿色固化技术体系,发明了 MICP 辅助矸石混凝土固化巷旁充填材料及柔模养护技术,研发了基于矿井水钙源利用的 MICP 注浆防水材料及系列配套技术,创建了玄武岩纤维固载微生物辅助固化水泥基封孔材料及配套消突技术,提出了 MICP 采煤塌陷区土壤裂缝修复材料及配套旋喷注入技术,形成了一套微生物辅助的矿山废弃物胶凝材料及配套应用技术。

　　本书可供采矿工程、安全工程等专业师生学习参考,也可为相关工程技术人员提供借鉴。

图书在版编目(C I P)数据

　　生态脆弱区煤炭开采 MICP 绿色固化材料及关键技术 /
高颖著.— 徐州 ：中国矿业大学出版社,2024.5
　　ISBN 978 - 7 - 5646 - 6261 - 5

　　Ⅰ.①生… Ⅱ.①高… Ⅲ.①煤矿开采—地表塌陷—
注浆加固 Ⅳ.①TD265.4

　　中国国家版本馆 CIP 数据核字(2024)第 098852 号

书　　名	生态脆弱区煤炭开采 MICP 绿色固化材料及关键技术
著　　者	高　颖
责任编辑	耿东锋
出版发行	中国矿业大学出版社有限责任公司
	（江苏省徐州市解放南路　邮编 221008）
营销热线	(0516)83885370　83884103
出版服务	(0516)83995789　83884920
网　　址	http://www.cumtp.com　E-mail：cumtpvip@cumtp.com
印　　刷	江苏淮阴新华印务有限公司
开　　本	787 mm×1092 mm　1/16　**印张** 7.75　**字数** 198 千字
版次印次	2024 年 5 月第 1 版　2024 年 5 月第 1 次印刷
定　　价	34.00 元

　　（图书出现印装质量问题,本社负责调换）

序

　　我国煤炭开采主要集中在西部生态脆弱地区（包括华南石漠化生态脆弱区和西北荒漠化生态脆弱区），而煤炭资源作为我国主要能源的现状短时间内不会改变。

　　笔者将微生物诱导碳酸盐沉淀（MICP）技术引入煤矿开采固化工程，进行了有益的探索。本书旨在探讨微生物诱导碳酸盐沉淀技术在矿山修复、环境保护、矿山安全防护和矿山废弃物资源化利用等方面的应用。本书首先概述了MICP的研究背景和国内外研究进展，然后详细介绍了MICP技术固化材料研发及应用、沿空留巷材料及应用、黏性土基防治水材料及应用以及采煤浅表裂土技术及应用等方面的研究。

　　第1章介绍了MICP技术的研究背景和意义，以及国内外研究进展。第2章详细介绍了研究区的主要采矿地质特征、矿山废弃物天然及加工特性以及辅助固化微生物培养。第3章至第6章分别阐述了MICP修复水泥基封孔材料研发及应用、MICP辅助混凝土沿空留巷材料及应用、MICP辅助黏性土基防治水材料及应用以及MICP修复采煤浅表裂土技术及应用。第7章总结了MICP技术的研究结论并对后续研究进行了展望。

　　本专著的研究成果取得了重要突破，被权威专家鉴定为达到了国际领先水平。推广应用初见成效，也引出了更多的科学问题亟待深入研究和实践，如微生物的杂菌竞争、矿山恶劣环境对微生物的影响等。未来将继续深化研究，为西部生态脆弱地区煤炭基地建设做出新的贡献。

　　本书旨在为MICP技术的研究和应用提供理论依据和技术支持，为矿山修复、环境保护、煤矿安全防护和矿山废弃物资源化利用等领域提供新的解决方案。希望本书能为相关领域的研究人员和工程师提供有益的参考。

著　者

2024 年 3 月

目　　录

第 1 章 绪 论

1.1 项目意义

目前,我国煤炭主要开采区域集中在西部生态脆弱地区(包括华南石漠化生态脆弱区和西北荒漠化生态脆弱区,如图 1-1 所示),而煤炭资源作为我国主要的能源供给来源现状短时间内无法改变,两者矛盾十分突出(图 1-2)[1-5]。具体表现在以下几点。

图 1-1 生态脆弱的石漠化和荒漠化煤矿区

图 1-2 某煤矿采煤塌陷坑及伴生废弃物

(1)采煤塌陷区:煤炭开采形成了大量的采煤塌陷区,塌陷区生态环境退化、水土流失加剧——采煤塌陷区生态环境修复意义重大。

(2)采煤废气排放:煤层中富含各类瓦斯气体,煤炭开采造成瓦斯逸散到大气中——有害气体的减排意义重大。

（3）采煤废水排放：据统计，我国目前开采 1 t 煤产生 1～2.5 m³ 矿井水——矿井水减排意义重大。

（4）采煤固废排放：煤炭开采、分选和燃烧过程伴生了大量煤基固废，以煤矸石和粉煤灰为典型代表——固废的减排意义重大。

此外，煤矿水、火、瓦斯、顶板、粉尘、冲击地压等灾害制约了安全高效生产。各类灾害需要采用不同特性的固化材料来进行加固、封堵、修复工作，目前矿用胶凝材料可以在一定程度上满足要求，但随着绿色矿山建设理念的全面推广实施，如何实现绿色固化是一项新的挑战[6-10]。

MICP（微生物诱导碳酸钙沉淀，原理如图 1-3 所示）材料是近年研发的新型固化材料，它利用微生物诱导方解石结晶来达到修复各类岩土体的目的。由于其制备过程绿色环保，在岩土领域开展了大规模应用。目前，已经开始应用到古建筑修复、生态修复、沙漠固沙、抗冲刷喷浆、海洋人工造岛等工程中，但煤炭工程的研究少有涉猎[11-15]。MICP 可与矿山废弃物发生一系列的生物化学反应，值得在矿业领域开展深入研究，这对于绿色矿山建设有重要的科学研究和工程应用价值。

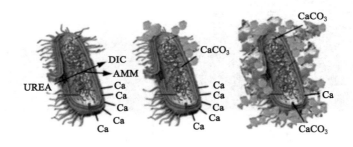

图 1-3　MICP 原理图[11]

1.2　国内外研究进展

本研究涉及的领域较为丰富，这里分为三个方面进行论述，分别为矿山废弃物处置与利用、矿山固化材料及配套技术和 MICP 技术。

1.2.1　矿山废弃物处置与利用

矿山废弃物主要包括废气、废水和固废，三类废弃物处置与利用的研究进展分述如下。

（1）废气的处置与利用

煤矿开采产生的废气的主要成分是瓦斯，我国最早将瓦斯作为威胁矿山开采的危险源进行处置，瓦斯以井下抽采为主，由于抽采浓度不稳定等问题，抽采后仅部分被利用。

钱鸣高院士构建了绿色矿山建设体系，将煤与瓦斯共采作为其重要组成部分[16-18]。国内大量学者和工程师在井上、井下开展大规模的瓦斯资源化抽采和利用工程,并取得了一定的成功,目前矿山瓦斯减排显著。瓦斯气体的利用也从高浓度瓦斯扩展到了低浓度瓦斯,甚至拓展到乏风发电领域。

(2) 废水的处置与利用

煤炭开采必然引起地下水、地表水及大气降水进入矿井。根据统计,截止到目前,仅贵州省六盘水市矿山各类废水排放每年约 2 亿 m^3。进入矿井的水与煤(岩)粉混合,再加上受矿井生产中各类化学添加剂(如润滑油)影响,矿井水表现出复杂特性、污染性和多样性。但普遍有高悬浊物、高矿化度的特点(局部滞留区地下水矿化度大于 2 g/L),而高矿化度矿井水处理难度巨大,是世界性难题[19-21]。

目前矿井水的处置与利用流程为:在井下通过排水系统收集到永久水仓或临时水仓中。部分在井下回用,主要用途是除尘和防灭火。多余部分抽到地面集中处理,主要用途包括但不限于消防、绿化、生态修复等。矿井水中洁净矿井水占主要部分,但由于排水系统的综合特性,其容易与其他矿井水混合,发生二次污染。为此,国内有专家和工程师提出了井下清水和污水分流的方法。洁净矿井水或者污水通过初步处理后,国内外又有专家和工程师开展了深度净化研究,比如生态湿地净化技术。

生态湿地净化技术需要联合上游的污水初步处理技术(混凝、沉淀)使用,将初步处理的矿井水,通过人工生态湿地,依靠湿地中的微生物分解、底泥物理吸附、植物吸收等方法对矿井水净化。该技术是 20 世纪 70 年代发展起来的一种污水处理技术,是一种人为构造并可进行监测控制的污水生态处理系统。近 20 年来,人工湿地处理系统在世界各地得到了充分的发展和广泛应用,被普遍认为是"绿色技术"和"环境友好型技术"。湿地系统处理污水是利用生态系统中的物理、化学和生物的多重协同作用,通过过滤、吸附、沉淀、离子交换、植物吸收和微生物分解来实现对污染物高效净化的,具有效率高、投资少、运行维护费用低、适应面广等优点。人工湿地处理系统可因地制宜建成单级或多级的形式,采用灵活多样的运行方式,使其成为适合不同规模的污水处理系统。该技术近年来又有发展,且常与风景园林联合共建,变成人工风景区。这一技术对高悬浮物、高金属离子净化效果突出。

(3) 固废的处置与利用

煤矿固体废弃物以煤矸石和粉煤灰为主,一般占煤产量的 10%~20%[22-24]。粉煤灰目前大规模利用到水泥制作和土木工程中,已经形成了较好的利用率。但对煤炭燃烧前期、中期和后期的脱硫需求,造成出现大量的脱硫石膏和固硫灰等新型固体废弃物。新型固体废弃物由于具有吸水膨胀性而尚未在土木工程中大规模利用。煤矸石由于成分复杂,目前利用方向较为多样,主要包括高价值利用、制作建筑材料、制土及充填开采等。煤矸石高价值利用方面目前应用较少,这一技术主要用于煤矸石中富含高附加值伴生矿产时。煤矸石制作建筑材料相对比较成熟,但使用量相对有限。煤矸石制土是软矸石主要利用途径,通过物理碾压破碎掺入微生物和腐殖质可用于生态修复,这一方向目前主要问题是煤矸石中重金属元素的二次污染控制。煤矸石充填开采已经逐渐进入成熟阶段,充填工程又可分为井下充填和地面钻孔充填两类。井下充填与采矿系统有一定的作业交叉,目前国内外正在进一步完善,逐渐降低了充填成本。地面钻探充填则需要对煤矸石进行充分破碎,目前主要的瓶颈在于成本问题和管路淤堵问题。综上,煤矸石的利用虽然已有大量成熟案例,但在运行成本、技术复杂性等方面还存在一定的问题。

1.2.2 矿山固化材料及配套使用技术

矿山开采过程中需要对各类岩土体进行加固,由于加固目的的差异性,对材料性能要求也不尽相同。矿山固化工程所需材料主要包括以下几种类型:防治水固化材料、瓦斯封孔固化材料、沿空留巷巷旁充填材料、塌陷区修复固化材料等。

(1)防治水固化材料

煤矿防治水材料有黏土材料、水泥材料和化学材料等[25-27]。黏土浆液可分为纯黏土、亚黏土等多种浆液,使用该种注浆材料多就地取材。我国使用最多的是纯黏土浆液,多在华北型煤田浅部低水压区域使用。而亚黏土(黄土)仅用在我国西北地区,因此仅少数矿区使用,渭北煤田是其中的典型代表。黄土浆液的特点为价格低廉、流动性好、易沉淀等,但其沉淀强度较低,随着开采条件的复杂化,黄土浆液需要改性,以满足不同的注浆环境要求。

1864 年,在英国阿里因普瑞贝矿首次应用水泥法对井筒进行注浆堵水,成功地解决了井筒涌水的问题。自此,水泥开始成为注浆的主要材料。我国华北型煤田受奥灰水威胁矿区多采用水泥浆,其又可分为纯水泥浆、黏土水泥浆、粉煤灰水泥浆、水泥水玻璃浆等。其中纯水泥浆价格较高,以河南正龙煤业为例,吨煤成本提高 8~9 元。水泥水玻璃浆价格更高,黏土水泥浆、粉煤灰水泥浆虽然价格相对稍低,但整体价格仍然较高,多适用于水压较高的条件下。

19 世末开始使用化学注浆。1950—1975 年是化学注浆大发展的时期。20 世纪 50 年代,美国研制了黏度接近于水,胶凝时间可以任意调节的丙烯酰胺浆液(AM-9)。1956 年前后,出现了尿素-甲醛类浆液。1960 年,美国研究了最早能控制胶凝时间的硅酸盐和铬木质素。1963 年又出现了酚醛塑料。在 20 世纪 60 代日本市场上已有类似 AM-9 的丙烯酰胺类材料出售,名为日东-55。几年后出现了以地下水作为反应剂的"塔克斯"系列聚氨酯材料。1974 年 3 月,日本福冈县发生了注丙烯酰胺引起中毒的事件,开始禁用有毒注浆材料。我国对化学浆液的利用极少在常规底板注浆条件下使用,仅在突水、微弱孔隙等特殊条件下使用。其中的主要种类有水玻璃类、丙烯酰胺类、木质素类、环氧树脂类、铬木质素类、脲醛树脂类、聚氨酯类等。

(2)瓦斯封孔固化材料

煤矿瓦斯封孔材料主要包括水泥基材料和高分子材料[28-30]。由于钻孔周围裂隙发育且受到采掘影响动态变化,封孔难度大。目前主要采用水泥砂浆封孔(封孔长度短、易收缩干裂)和聚氨酯封孔(价格高,遇水收缩,反应时间短,控制困难,钻孔易漏气引起煤层自燃),封孔质量不稳定,抽采浓度较低。因此,要解决上述问题,需要开展钻孔封孔技术、封孔材料及配套装备的研究工作,以提高瓦斯抽采浓度及效率。

(3) 沿空留巷巷旁充填材料

我国关于沿空留巷技术的研究和发展情况,大致可分为以下三个阶段[31-35]。

第一阶段,20 世纪 50—70 年代,主要进行沿空留巷的尝试及初期试验。

第二阶段,改革开放至 20 世纪末,主要进行沿空留巷技术的引进消化吸收及发展。20 世纪 80 年代末,我国引进了英国的高水充填技术体系,采用甲乙料充填,由高强水泥与石膏进行反应后形成结石。材料通过双液浆输送,经混合后注入巷道采空区侧吊挂好的充填袋内,形成连续墙体。此种方法在全国应用较广,在淮南的潘一矿、谢一矿及潘二矿等试验推广了 11 个工作面。由于高水充填材料强度低[1 d:1.5 MPa;28 d(终强):6 MPa]、强度增加慢、易风化碎裂,墙体难以承受采动引起的动压影响,巷道难以维护。高水充填材料的性能差,加之充填速度无法紧跟快速推进的工作面,不能实现与高产工作面同步推进,因此,此项技术的应用受到了很大的限制。

第三阶段,21 世纪初至今,沿空留巷技术进入快速发展阶段,以袁亮院士为代表的专家、学者取得了大量的成果,并在全国各矿区推广应用。

2002 年,袁亮院士针对淮南矿区深井高地应力、高瓦斯含量、低渗透率、"三软"复合顶板煤层群特点,深入研究并形成了低透气性高瓦斯煤层群无煤柱快速留巷 Y 形通风煤与瓦斯共采关键技术,研制了适于井下高程变化,具有早强、高增阻、可缩性等特性且可远距离泵送施工的大流态、自密实、绿色环保型新型充填材料;研制了充填材料远距离输送系统,自主研究创新了强支撑自移模板液压充填支架,建立了机械化快速构筑充填墙体工艺系统。该项研究成果获得 2009 年度国家科学技术进步二等奖。

(4) 塌陷区修复固化材料

关于采煤地裂缝固化修复的研究大致可以分为化学材料固化修复和植物固化修复两个方面[36-38]。其中,化学材料固化以超高水材料为代表,植物固化修复则以微生物联合植物修复为代表。

1.2.3 MICP 技术

MICP(microbially induced carbonate precipitation,微生物诱导碳酸盐沉淀,简称 MICP)技术自 20 世纪 90 年代开始就被国内外的研究学者所关注。其反应原理是基于脲酶菌的一系列生物化学反应,其中微生物的主要作用是提供脲酶和晶核[39]。

在这一过程中,新沉积的碳酸钙晶体将会附着到之前形成的碳酸钙晶体上,以晶簇的形式持续沉积增长。碳酸钙晶体的这一成核-沉积-生长过程,最终可将松散的砂土颗粒加固成为一个整体,提高其工程性质。由于是将天然的细菌作为原料,并且产物本身没有污染,又因为碳酸钙沉淀本身具有良好的胶凝性质,所以该技术已广泛地应用于岩土工程领域。

梁仕华等[40]提出,颗粒级配良好的砂土可提供更多有利于生成碳酸钙的沉积位置;彭劼等[41]提出,温度对微生物诱导碳酸钙生成的速率有明显影响;赵晓婉等[42]提出,微生物诱导碳酸钙的生成量与温度的变化有关;李国生等[43]提出,在一定温度范围内,温度越高,微生物(细菌)活性越大,从而碳酸钙沉淀量越多,微生物修复后的性能越好;刘志明等[44]提出,超声辐照可提高菌液总脲酶的活性;孙潇昊等[45]提出,温度越高碳酸钙沉淀产率越大,营养液中添加尿素和采用低温训化都能提高砂土的固化效果;王绪民等[46]提出,采用高、低浓度相结合的多浓度营养盐处理砂样可在较短时间得到较高的强度、碳酸钙含量以及较好的均匀性;徐宏殷等[47]提出,固化砂土的强度随着内部 $CaCO_3$ 晶体含量增多而升高,但同时会受到晶体的分布以及大小等因素的影响;孔繁浩等[48]提出,只要胶结盐离子浓度综合一致,则沉淀量基本一致。

随着研究的深入,有学者发现,以纤维作为填充骨料不仅能够提升土体自身的抗拉、抗剪等力学性质,也能够使其在强度提高的同时兼顾脆性要求,并且可作为载体在一定程度上提高碳酸钙结晶的固结效率。梁仕华等[49]提出,添加纤维能提高 MICP 处理效果;郑俊杰等[50]提出,添加玄武岩纤维能改善土体脆性并提高其强度;庄心善等[51]提出,膨胀土掺入玄武岩纤维能有效抑制土体的膨胀;璩继立等[52]提出,加筋玄武岩纤维在提升抗剪强度的同时不影响其延性和抗变形能力;吴新锋等[53]提出,经过纤维改善后的膨胀土,胀缩量、膨胀力得到了有效降低。

1.2.4 存在的问题

(1) 防治水方面,黏土类浆液有较好的扩散性,但结石强度有限;水泥类浆液虽然有较强的强度,但扩散性较差。因此,急需一种高扩散性、高结石强度、高抗渗性的材料。

(2) 瓦斯封孔方面,由于煤矿采掘工程扰动和水泥干缩变形,瓦斯封孔的密封性和耐久性一直存在问题。因此,急需一种可修复的、高耐久性的固化材料。

(3) 沿空留巷巷旁充填方面,沿空留巷工程需要较强的材料性能和较好的结顶效果,因此急需一种价格便宜且强度较好、胶结效果好的固化材料。

(4) 塌陷区修复方面,煤炭开采形成的塌陷区存在水土流失问题和生态退化问题,需要采用绿色加固材料来减少水土流失,同时辅助植被复绿。因此,需要绿色、环境友好的固化材料。

第 2 章　研究区概况及固化材料特征

2.1　研究区主要采矿地质特征

我国有 14 个亿吨级大型煤炭基地,包括晋北、晋中、晋东、神东、陕北、黄陇、宁东、鲁西、两淮、云贵、冀中、河南、蒙东(东北)、新疆大型煤炭基地。其中,我国西部煤矿区基本都属于生态脆弱区,最为典型的就是以陕西为代表的西北黄土高原脆弱生态区和西南喀斯特脆弱生态区。因此,本次研究选取陕西渭北煤田和贵州六盘水煤田为研究区。

2.1.1　研究区地质概况

2.1.1.1　渭北煤田

渭北煤田是我国典型的华北型煤田,该煤田位于陕西关中北部地区,属黄土地貌,总面积约 4 000 km²。渭北煤田自西向东包括 4 个矿区,分别为铜川矿区、蒲白矿区、澄合矿区、韩城矿区,其中铜川矿区和蒲白矿区属渭北煤田西区,澄合矿区和韩城矿区属渭北煤田东区。各矿区本次取样煤矿及主要开采煤层如图 2-1 和表 2-1 所示。

表 2-1　渭北煤田各矿区主要开采煤层

矿区	主要开采煤层	代表性煤矿
铜川矿区	5 号、10 号	东坡、徐家沟
蒲白矿区	5 号	白水、朱家河
澄合矿区	5 号、10 号	董家河、澄合二矿、王斜、董东、王村、山阳
韩城矿区	2 号、3 号、5 号、11 号	象山、桑树坪、下峪口、燎原

注:白水矿与燎原矿已开采结束而闭坑。

渭北煤田地表较为缺水,俗称"渭北旱原",但渭北煤田的沉积基底奥陶系石灰岩蕴藏着大量的地下水资源,其储量达 146.85 亿 m³。目前渭北煤田开采主要受到 4 种充水水源威胁,其中主要为顶板二叠系砂岩裂隙含水层、底板太原组灰岩含水层、底板奥陶系灰岩含水层和采空区水。

二叠系砂岩裂隙含水层富水性普遍较弱,局部达到中等级别。底板太原组灰岩含水层(也称 K_2 灰岩,局部相变为石英砂岩,如图 2-2 所示)由于厚度有限(澄合矿区平均厚度仅 5.48 m),其富水性一般为弱到中等级别。底板奥陶系灰岩含水层较为复杂,由上到下可细

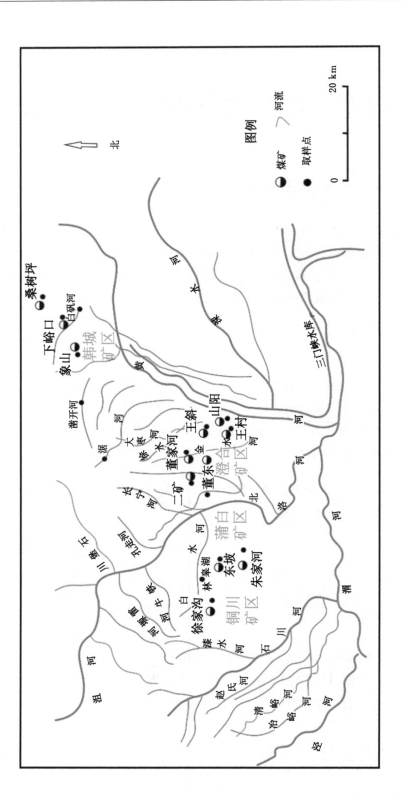

图 2-1　渭北煤田研究区范围

分为峰峰二组、峰峰一组、上马家沟组、下马家沟组等,其中澄合矿区奥灰顶部峰峰二组普遍为强富水,韩城矿区奥灰顶部峰峰一组普遍隔水,但下伏上马家沟组普遍强富水。

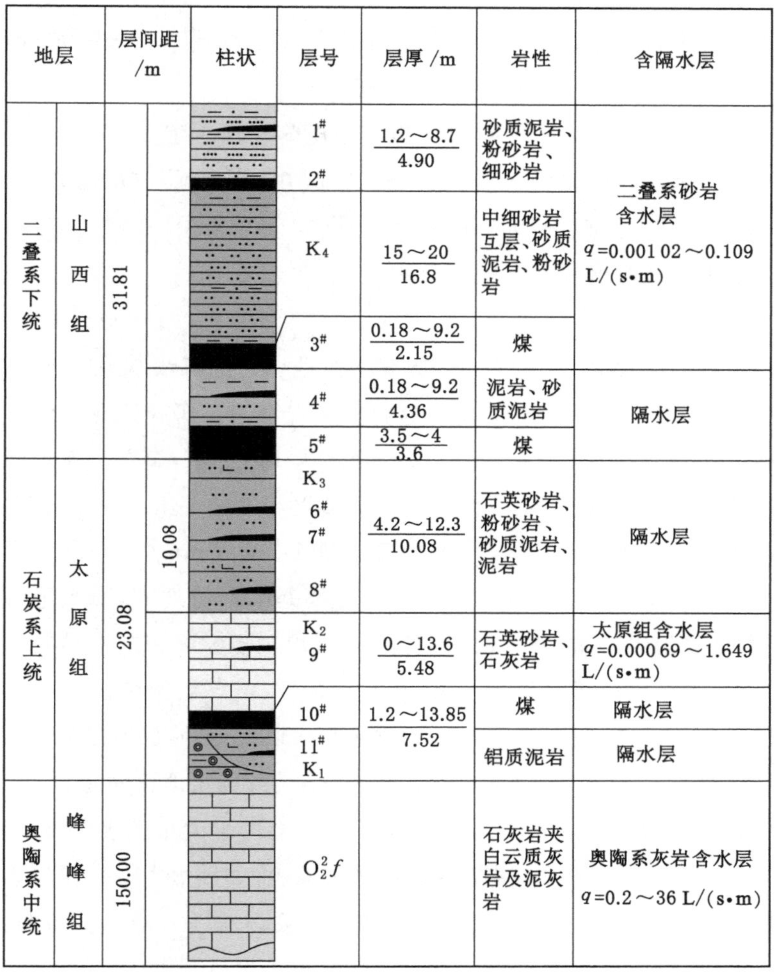

地层		层间距/m	柱状	层号	层厚/m	岩性	含隔水层
二叠系下统	山西组	31.81		$1^{\#}$ $2^{\#}$	$\dfrac{1.2\sim8.7}{4.90}$	砂质泥岩、粉砂岩、细砂岩	
				K_4	$\dfrac{15\sim20}{16.8}$	中细砂岩互层、砂质泥岩、粉砂岩	二叠系砂岩含水层 $q=0.001\,02\sim0.109$ L/(s·m)
				$3^{\#}$	$\dfrac{0.18\sim9.2}{2.15}$	煤	
				$4^{\#}$	$\dfrac{0.18\sim9.2}{4.36}$	泥岩、砂质泥岩	隔水层
				$5^{\#}$	$\dfrac{3.5\sim4}{3.6}$	煤	
石炭系上统	太原组	23.08	10.08	K_3 $6^{\#}$ $7^{\#}$ $8^{\#}$	$\dfrac{4.2\sim12.3}{10.08}$	石英砂岩、粉砂岩、砂质泥岩、泥岩	隔水层
				K_2 $9^{\#}$	$\dfrac{0\sim13.6}{5.48}$	石英砂岩、石灰岩	太原组含水层 $q=0.000\,69\sim1.649$ L/(s·m)
				$10^{\#}$	$\dfrac{1.2\sim13.85}{7.52}$	煤	隔水层
				$11^{\#}$ K_1		铝质泥岩	隔水层
奥陶系中统	峰峰组	150.00		O_2^2f		石灰岩夹白云质灰岩及泥灰岩	奥陶系灰岩含水层 $q=0.2\sim36$ L/(s·m)

图 2-2　渭北煤田典型水文地质柱状图

此外,铜川矿区、韩城矿区和澄合矿区东部目前开采的煤层受不同程度的瓦斯灾害威胁,特别是韩城矿区燎原煤矿 2020 年曾经发生一起煤与瓦斯突出事故。以下是矿区瓦斯地质规律:

(1)韩城矿区主体构造是 NE 向、NEE 向展布的向、背斜褶皱,挠曲,断层。在井田深部 NW 向、NE 向、EW 向小断层较为发育,主要是燕山期 NWW-SEE 向挤压作用以及喜马拉雅运动的改造形成。大量的事实表明,向斜构造比背斜构造瓦斯含量、瓦斯压力相对更高,瓦斯动力现象危险性更大。尤其是两个方向的向斜构造、挠褶构造复合部位,是瓦斯赋存条件最好的部位。

（2）矿区煤系在印支期形成的 NW-SE、NE-SW 向断层在燕山期受到 NWW-SEE 向强烈的挤压作用，喜马拉雅期受到 NE-SW 向挤压作用，在断层附近形成断裂型层滑构造，从而形成一定厚度的构造煤，其控制高瓦斯区的分布以及煤与瓦斯突出危险区的分布。

（3）矿区浅部的 NE 向挠褶构造在燕山期挤压、剪切作用下形成一定构造煤，从而抑制了井田深部瓦斯向浅部运移，有益于深部瓦斯的保存。

（4）矿区北部井田内断层都较小，2 号煤层断层落差都小于 10 m，3 号煤层的断层落差都小于 5 m。因 2 号煤层煤厚普遍小于 1.5 m，断层在剖面上将煤层错开，煤层与顶底板对接，易于瓦斯逸散，而 3 号煤层厚度普遍较大，且断层较为稀少，断层使煤层揉皱成构造煤，控制着煤与瓦斯突出危险区和高瓦斯区分布。

2.1.1.2　六盘水煤田

六盘水煤田是我国规划的 14 个亿吨级煤炭基地中云贵煤炭基地的核心煤炭产区，煤炭储量约 500 亿 t，2017 年六盘水市煤炭产量居贵州省第一。研究区龙潭组可采煤层 15 层，各煤层总体薄，主采煤层多为 1～3 m，煤层倾角多为 15°～25°，煤层上覆地层由新到老依次是：第四系、三叠系中统关岭组、三叠系下统永宁镇组和飞仙关组以及二叠系上统龙潭组。

六盘水煤田属于云贵高原地区，年平均降水量 1 223.6 mm（约是我国西北生态脆弱地区降雨量的 3 倍），多集中于下半年。但研究区主要是喀斯特地貌，降水绝大多数产生地表径流，因此研究区多为雨季涝、旱季缺水，2009 年就出现了大面积的干旱灾害。

在生态方面，本地区由于降雨量丰富，有乔、灌、竹、草等类型植被（图 2-3），植被覆盖率和长势较我国西北地区明显更好。但是，研究区为喀斯特地貌，已有的研究证明该地区灰岩风化成土壤的速度十分缓慢（据对贵州 133 个样点分析，贵州地区每形成 1 cm 厚的风化土层需要 4 000 余年，慢者需要 8 500 年），且雨季降雨会产生大量的水土流失，因此虽然本区降雨量丰富，但是一旦水土流失，喀斯特岩石暴露地表（如图 2-3 中暴露地表的石笋），生态环境将大规模退化，因此本区生态环境脆弱，煤炭开采必然进一步使脆弱的生态环境退化，甚至石漠化，已有数据表明六盘水地区是我国西南石漠化最严重区域之一。

图 2-3　六盘水煤田生态图

此外,据统计,六盘水煤田保有生产矿井 109 对,占全省总量的 35.2%。其中,突出矿井 108 对,突出矿井占 99.1%,另一矿井为高瓦斯矿井。近年来,贵州省人民政府及煤炭主管部门大力加强煤矿安全监管,瓦斯治理力度得到明显加强。尽管瓦斯事故在整体上得到了有效的控制,但煤与瓦斯突出事故仍时有发生。以六盘水煤田水城矿区米箩煤矿为例,对其瓦斯地质参数进行了测定。

对米箩煤矿井田范围内 1 号、3 号、9 号、10 号、16 号、26 号、27 号、29 号、31 号和 40 号煤层采取钻孔取样的方式进行测定,其中 1 号煤层和 3 号煤层浅部利用煤层气抽放钻孔进行测定,结果如下:

(1)米箩煤矿井田范围内的 1 号、3 号、9 号、10 号、16 号、26 号、27 号、29 号、31 号和 40 号煤层均为低透气性煤层。

(2)米箩煤矿目前正在开采 1 号和 3 号煤层,1 号煤层和 3 号煤层浅部受煤层气抽放影响,其透气性系数符合克林肯伯格效应(滑脱效应)。

(3)计算出的煤层透气性系数与米箩煤矿在抽放过程中所得的数据基本吻合。

2.1.2　研究区地质特征

(1)研究区瓦斯地质特征:研究区普遍存在高瓦斯、地层透气性特征,需要实施长期的瓦斯抽采和解放层开采工程。目前,研究区有大量的井下瓦斯抽采工程和解放层沿空留巷抽采瓦斯工程。

(2)研究区水文地质特征:研究区普遍存在强含水层,隔水层厚度相对有限,急需开展隔水层注浆加固工程。目前,研究区已经建立了高效的注浆系统,实现了注浆加固自动化。

(3)研究区生态地质特征:研究区矿井水中普遍为高矿化度矿井水,虽然已经建立处理系统,但矿井水排放难以达到高质量的标准。此外,研究区生态环境脆弱,且地形起伏较大,采煤塌陷区水土流失严重(图 2-4)。

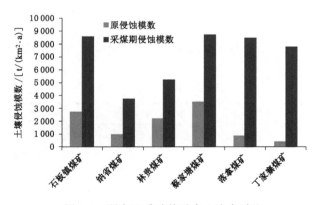

图 2-4　研究区采动前后水土流失对比

综上,研究区高瓦斯、复杂水文地质条件、脆弱生态环境等条件,决定了矿井有瓦斯封孔、沿空留巷、注浆防治水、地表生态修复等大量的矿山固化工程,急需开展绿色固化研究。

2.2 矿山废弃物天然及加工特性

为充分将矿山废弃物利用到各类注浆固化工程中,对各类废弃物进行了天然及加工后的特性测定,结果如下。

2.2.1 矿井水天然及浓缩特性

2.2.1.1 天然高钙矿井水

大量矿井水外排,对土壤、地表水和地下水造成不同程度的污染。中国是一个缺水国家,人均水资源占有量仅为世界平均水平的四分之一。同时,矿区水资源短缺问题也日趋严重。据统计,全国 70% 的矿区缺水,其中 40% 的矿区严重缺水,制约着煤矿的可持续发展。目前,针对矿井水的利用主要是将矿井水采用适宜的方法处理后达到洁净矿井水的标准复用或达到排放标准后排放。图 2-5 所示为渭北澄合矿区董家河煤矿矿井水处理照片,但高浓度、高永久硬度矿井水处理十分困难,急需拓宽矿井水利用方向。

图 2-5 研究区董家河煤矿矿井水处理

矿井水由于其水质受多种因素控制复杂多变,一般可分为 5 类,如表 2-2 所示。

表 2-2 矿井水基本类型

矿井水类型	洁净矿井水	悬浮物矿井水	高矿化度矿井水	酸性矿井水	特殊污染物矿井水
特征	符合生活用水标准	除悬浮物、细菌及感官指标外不超标	溶解性固体高于 1 000 mg/L,含有较高悬浮物、细菌、感官指标	pH 值小于 6 的矿井水,还含较高的铁离子、悬浮物、细菌	含氟、重金属或放射性元素的矿井水

本次选用的矿井水主要是选用高矿化度矿井,即表 2-2 中的第三类矿井水,其特征为溶解性固体大于 1 000 mg/L,并含有高悬浮物等。六盘水煤田和渭北煤田均受到不同程度的

灰岩水充水,充水后形成了大量的高矿化度矿井水,特别是富含钙离子、镁离子(矿井水取样如图 2-6 所示)。

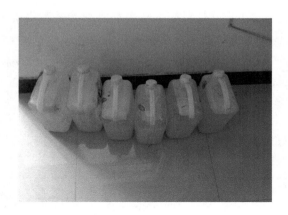

图 2-6　矿井水取样

研究区灰岩涌水水质简分析结果如表 2-3 所示,编号 H1～H6 水样中主要阳离子为钙离子,主要阴离子为硫酸根离子、氯离子及部分碳酸氢根离子。

表 2-3　研究区灰岩涌水水质简分析结果(部分)

取样编号	Na^+ /(mg/L)	K^+ /(mg/L)	Ca^{2+} /(mg/L)	Mg^{2+} /(mg/L)	SO_4^{2-} /(mg/L)	HCO_3^- /(mg/L)	Cl^- /(mg/L)	pH 值	矿化度 /(mg/L)
H1	202.30	9.70	405.10	63.90	1 001.40	421.50	270.60	6.48	2 379.00
H2	408.10	19.40	835.90	151.10	2 237.00	307.50	641.40	7.42	4 614.20
H3	359.30	26.20	684.10	91.40	1 744.40	583.10	325.60	7.26	3 826.30
H4	390.20	14.90	533.50	184.60	2 102.10	222.40	716.30	7.09	4 375.30
H5	488.90	10.60	435.40	147.50	1 522.30	248.00	595.30	7.18	3 497.80
H6	545.20	13.90	513.10	171.40	1 762.50	229.10	649.40	7.01	3 879.00

此外,对矿井涌水进行了初步沉淀后悬浮物测定,发现其含有悬浮物 121 mg/L。采用激光粒度分析仪对该矿井水中的悬浮物的颗粒进行了颗粒分析,其中小于 5 μm 的占大多数,为 68%,而 10 μm 以下的占所有颗粒的 98% 以上,10 μm 以上的颗粒不足 2%。悬浮物的颗粒小,其比表面积就大,较常规的注浆材料(普通水泥一般 80 μm 以下占 90% 即达标,超细水泥小于 5 μm 的约占 60.88%)更细,能注入孔隙更小的地层,且依据已有的研究认为矿渣的存在等能提高水泥的后期强度。

最后,对矿井水的包括 Li、Be、Sc、Ti、V、Mn、Cr、Co、Ni、Cu、Zn、Ga、Rb、Y、Nb、Mo、Cd、Sb、Cs、Ba、La、Ce、Pr、Nd、Sm、Eu、Gd、Tb、Dy、Ho、Er、Tm、Yb、Lu、W、Tl、Pb、Bi、Th、U、Sr、In、Zr、Hf 等 44 种微量元素进行了测定,部分结果如表 2-4 所示,其中仅氟离子能够检

测到,含量为 0.88～2.98 mg/L(简分析结果),锶元素含量最高达到 10.25 mg/L,其他并未发现显著异常的离子。结合表 2-3 的水质简分析可以看出,韩城深部滞留区奥灰涌水 pH值属正常范围,非酸性,不会出现酸性对黏土双电层吸附和碳酸根不溶物的影响;无重金属元素异常,不会出现重金属离子对黏土浆液强度和渗透性的不利影响;无放射性元素,不会对人体造成伤害;氟离子和锶离子含量高,但氟离子对水泥有速凝作用,Sr 元素与 Ca 元素同为碱土金属元素,其对水泥也有速凝早强作用。

表 2-4　部分水样微量元素测试结果

单位:μg/L

水样编号	Li	Sc	V	Mn	Cr	Ni	Cu	Zn	Rb	Mo	Sb	Ba	U	Sr
1	15	13	4	9	47	8	3	10	2	2	0.4	93	2	270
2	17	13	11	0.2	70	2	1	14	2	6	0.4	36	11	115
3	17	15	2	0.2	44	6	2	12	5	1	2	56	3	751
4	66	14	1	0.2	121	2	2	10	9	20	0.5	178	4	3 043
5	51	11	1	306	76	28	2	39	25	30	1	101	13	4 092
6	62	11	6	0.1	77	2	2	3	5	124	0.4	32	1	2 747
7	19	12	5		97	0.4	1	11	3	4	0.3	28	1	929
8	8	15	9	3	76	6	1	1	6	4	0.4	19	2	5 628
9	27	13	2	0.4	102	0.8	1	18	2	4	0.5	49	—	125
10	71	9	8	0.2	78	5	5	17	11	24	0.8	37	0.2	2 079
11	21	13	6	1	122	1	3	19	3	5	0.5	81	—	164
12	26	22	30	1	334	20	18	78	24	4	7	16	0.6	1 004
13	46	13	5	0.1	55	9	3	27	20	16	0.9	39	4	3 619
14	44	13	6	01	58	8	2	18	128	6	0.6	25	4	3 907
15	51	10	5	—	66	4	1	16	8	27	0.6	54	0.4	3 245
16	45	15	9	0.6	91	6	2	8	35	0.5	167	2	3 531	
17	34	13	11	2	88	0.6	2	15	10	1	0.5	142	0.1	1 520
18	107	13	14	0.2	96	5	2	21	9	0.9	67	—	2 871	
19	31	13	7	840	105	57	10	14	41	0.7	0.3	0.1	—	10 252
20	17	11	3	0.1	40	5	3	2	2	0.4	87	2	3 589	

2.2.1.2　高钙矿井水浓缩演化

(1)简易沉淀

对获取的矿井水水样静置 3 d,待大颗粒杂质沉淀后,将矿井水提取进行下一步的加工制备。

(2)加热浓缩

在常压条件下,对高钙矿井水样在 60 ℃条件下分别浓缩到原来体积的 30%、50%(如图 2-7 所示)。浓缩前后的水质简分析结果如表 2-5 所示。由表 2-5 可以看出,加热浓缩后由于水的蒸发,多数阴、阳离子浓度提高,但碳酸氢根离子在 60 ℃条件下受热分解,浓度有所降低。碳酸氢根离子分解产生的碳酸根又与少量钙离子和镁离子产生沉淀,但由于碳酸氢根离子浓度有限,因此消耗的钙和镁离子较少(2 mol 碳酸氢根离子消耗 1 mol 钙离子或镁离子)。另外,浓缩达到原体积 30%时硫酸根离子与钙离子结合产生硫酸钙晶体也有析出。从硬度角度分析,未浓缩的特硬矿井水在加热过程中,约占总硬度 10%的暂时硬度(碳酸盐硬度)消失,而约占总硬度 90%的永久硬度(非碳酸盐硬度)多数没有消失,即加热浓缩后对注浆改性不利的碳酸氢根离子减少,而其他对注浆有利的离子,如钙离子、镁离子、硫酸根离子、氯离子浓缩后浓度显著提高。另外,在加热浓缩后矿井水的 pH 值也逐渐增大,依据已有的研究成果认为,pH 值在小于 12 的范围内随着 pH 值的增加水泥的水化速率加快,其无侧限抗压强度增加,因此浓缩矿井水更适合用于改性注浆材料。

（a）加热浓缩前　　　　　　　　　（b）加热浓缩后

图 2-7　矿井水加热浓缩

表 2-5　矿井水浓缩后水质简分析结果

浓缩情况	Ca^{2+}/(mg/L)	Mg^{2+}/(mg/L)	SO_4^{2-}/(mg/L)	HCO_3^-/(mg/L)	Cl^-/(mg/L)	Na^+/(mg/L)	矿化度/(mg/L)	pH 值
未浓缩	816.81	131.34	2 213.03	299.63	639.57	398.08	4 518.34	6.96
50%	1 160.86	206.32	3 457.96	172.87	1 367.46	775.63	7 176.81	7.74
30%	1 769.22	394.47	4 967.34	58.34	1 939.11	1 245.33	10 421.12	8.09

由于浓缩过程中发生的主要化学反应为碳酸氢根分解,碳酸氢根不稳定,40 ℃左右的温度下大多数碳酸氢根可完成分解,因此,矿井水浓缩亦可以利用太阳能曝晒完成浓缩,结果如表 2-6 所示。由表 2-6 可以看出,其他离子浓缩富集的同时,碳酸氢根离子浓度降低。

表 2-6　矿井水曝晒浓缩前后水质对比

浓缩情况	Ca^{2+}/(mg/L)	Mg^{2+}/(mg/L)	SO_4^{2-}/(mg/L)	HCO_3^-/(mg/L)	Cl^-/(mg/L)	Na^+/(mg/L)	矿化度/(mg/L)	pH 值
未浓缩	816.81	131.34	2 213.03	299.63	639.57	398.08	4 518.34	6.96
50%	1 204.45	216.72	3 567.52	212.28	1 249.55	765.43	7 215.95	7.71

2.2.2 煤矸石特性

煤矸石理化性质测试采用DZ-88型电热恒温真空干燥箱、GJ-Ⅲ型密封式化验制样机、国家统一标准筛、HJ0105型托盘天平、ARL9900XP+型X射线荧光光谱仪(XRF)、DX-2500型X射线多晶衍射仪(XRD)等仪器进行。

（1）化学成分分析

在六盘水矿区的不同煤矿分别取样,制样后用X射线荧光光谱仪(XRF)对其进行元素主次量成分分析。

六盘水矿区的煤矸石中的铁含量较高,硅含量较高,铝含量较低,同时还含有一定量的钛。三个煤矸石样品的硅铝比变化较大,说明不同产地的煤矸石成分差异较大,并且根据化验结果初步推断,该产地的煤矸石中石英和铁的含量较高,应属于风化沉积型煤矸石,宜针对该地区的矿物特点进行相关的研究,做深层次开发利用。

（2）物相分析

采用X射线多晶衍射仪对六盘水矿区的煤矸石样进行物相分析。其XRD谱如图2-8所示。

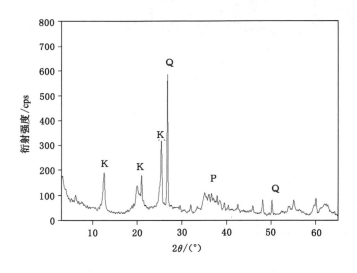

图 2-8　原矿的 XRD 谱

经计算可知,样品中高岭石的含量为40.8%～49.1%,石英含量为21.3%～43.8%,铁（以氧化铁计）含量为10.34%～20.61%,可见该矿区的煤矸石属于高铁高砂风化型劣质煤矸石。

对六盘水市各主要矿区煤矸石的理化性质进行分析表明:六盘水各矿区煤矸石成分复杂,其中SiO_2的含量达42.69%～49.47%,Al_2O_3的含量达18.9%～22.59%,Fe_2O_3的含量达10.34%～20.61%,其他氧化物含量仅有0.048%～5.31%。六盘水煤矸石不同地区有一定差异,但都是典型的高铁高硅型煤矸石。

2.2.3　粉煤灰特性

本次选用的粉煤灰主要取自韩城矿区(图 2-9),经测定等级为Ⅱ级。对其化学成分研究发现,其主要成分为二氧化硅、三氧化二铝、三氧化二铁、氧化钙。其矿物组成主要为铝硅玻璃体、石英和莫来石等结晶矿物。一般情况下,玻璃体含量越多,活性越高。粉煤灰固化实质是氢氧化钙和粉煤灰中的活性二氧化硅、三氧化二铝反应形成结晶矿物。粉煤灰颗粒细小,球形玻璃体多,表明光滑,能充填于钙矾石或水泥颗粒之间,增加充填体的致密性。粉煤灰中含有玻璃体,能降低浆液材料的屈服应力,改善浆液连续性,提高流动性。粉煤灰在不降低固结材料固水性能的前提下,能大幅度降低材料中水泥熟料的用量,并使胶凝材料的后期强度有一定提高,大量粉煤灰使用可降低水泥用量,后期强度高。

图 2-9　韩城矿区粉煤灰

决定粉煤灰潜在化学活性的因素主要是玻璃体含量、玻璃体中可溶性 SiO_2 和 Al_2O_3 的含量及玻璃体的解聚能力。粉煤灰具有致密的玻璃态结构和表面保护膜层,要提高粉煤灰的化学活性,就必须破坏表面保护膜,使其内部可溶性 SiO_2 和 Al_2O_3 的活性释放出来。为此,可通过物理方法、化学方法和物理化学方法制备高活性材料。

本次采用物理化学方法活化粉煤灰,其步骤为:

(1) 将粉煤灰样烘干,过筛(120 目);

(2) 将粉煤灰与无水 Na_2CO_3 按质量比 1∶1 均匀混合,于马弗炉中高温(800 ℃)煅烧 1 h;

(3) 将熔融后的粉煤灰冷却、磨碎;

(4) 将磨碎的改性粉煤灰过 200 目分子筛;

(5) 放入烘箱,在 105 ℃温度下干燥 2 h;

(6) 装瓶,备用。

2.3 辅助固化微生物培养

2.3.1 MICP 原理

本次研究将 MICP 技术引进矿山固化技术中,已有的研究认为,微生物诱导碳酸钙结晶固化各类材料大致分为三个阶段,如图 1-3 所示。

(1)微生物、营养物质注入被胶结体(包括水泥、松散土层、混凝土、裂隙土体等),由于微生物细胞内外存在浓度梯度,因而有利于尿素通过细胞膜扩散到细胞内部;细菌经新陈代谢产生脲酶,将进入细胞内部的尿素催化水解,生成铵和二氧化碳;随着浓度的增加,细胞内外浓度梯度不断增大,水解产物通过细胞膜迅速排出,扩散到水中,生成铵根离子和碳酸根离子,最终完成尿素水解过程。主要反应方程式为:

$$CO(NH_2)_2 + 2H_2O \longrightarrow 2NH_3 + H_2CO_3$$
$$2NH_3 + 2H_2O \longleftrightarrow 2NH_4^+ + 2OH^-$$
$$H_2CO_3 \longleftrightarrow HCO_3^- + H^+$$
$$HCO_3^- + H^+ + 2OH^- \longleftrightarrow CO_3^{2-} + 2H_0O$$

(2)尿素的水解提高了细胞内的碳酸根离子和铵根离子浓度,浓度梯度变大,为碳酸根离子和铵根离子的自由扩散提供了有利条件,进而导致膜电位升高。细胞膜表面带负电荷,吸引环境中的正价钙离子,附着在细胞表面;当钙离子与溶液中碳酸根离子相互结合达到饱和状态后,碳酸钙结晶聚集在细胞表面。随着 MICP 反应进行,周围环境的 pH 值逐渐升高,更加有利于碳酸钙晶体的生成。

(3)在 MICP 反应过程中,巨大芽孢杆菌不仅产生脲酶用于催化水解尿素,还作为结晶体的成核位点,控制碳酸钙的沉积、晶体形态及生成量。随着微生物细胞周围碳酸钙沉淀不断生成,形成以细菌为成核点的碳酸钙结晶体,其有效充填于裂隙土体孔隙并联结相邻的砂土颗粒。松散的砂土颗粒逐渐被胶结,与周围土体形成具有一定力学性能的整体,并降低了土体渗透性,从而改善砂体结构的宏观特性,达到修复裂隙的目的。

MICP 技术胶结岩土体采用生物化学注浆方式,是以碳酸钙结晶体作为黏结砂土颗粒的胶结材料,使裂隙土体颗粒之间联结力增强,从而提高裂隙土体的力学性质和水理性质。相比传统的化学灌浆技术,MICP 技术避免了对周围岩土体的扰动及对生态环境的二次污染,属于环境友好型技术。微生物菌液属于典型的牛顿流体,其黏度与水相似,流变性、可灌性较好。在 MICP 实现加固后,由于微生物菌种所处环境中营养物质的缺乏,以及微生物细胞被碳酸钙沉淀包裹,菌种逐渐死亡,对环境影响较小,且生成的沉淀物对环境无害,因而具有能耗低、污染小的优势,符合低碳经济和环境友好的原则,具有很好的应用前景。

2.3.2 微生物培养设备

现有研究发现,可以诱导碳酸盐沉淀的微生物有几十种,但常用的微生物是芽孢杆菌属。目前,MICP 试验多使用巴氏芽孢杆菌、巴氏芽孢八叠球菌等菌种,而对同菌属的巨大芽孢杆菌在此方面应用研究相对较少。现有研究认为,巨大芽孢杆菌不仅具有良好的 MICP 固化效果,还能将煤矸石中植物无法直接利用的磷变为可利用磷肥。因部分煤矸石中富含磷而具有作为耕地肥料的应用价值,因此本次研究选用菌种为巨大芽孢杆菌 (Bacillus Megaterium de Bary)。采用液体培养基,其营养物质包含牛肉蛋白胨、酵母提取物和氯化钠,pH 值调节到 7.0 左右,溶剂为去离子水。培养基配方见表 2-7,微生物培养所用仪器见表 2-8。

表 2-7　液体培养基配方

试剂名称	试剂用量/(g/L)
牛肉蛋白胨	10
酵母提取物	5
氯化钠	10

表 2-8　微生物培养所用仪器

仪器名称	型号
手提式压力蒸汽灭菌器	YX-18LM
双功能气浴恒温振荡器	ZD-85
超净工作台	SW-CJ-1FD
生化培养箱	GZ-150-S
纯水机	CM-230
多参数分析仪	DZS-708L
电子天平	FB204
紫外可见分光光度计	UV752N

2.3.3　微生物活化及培养

本次采购的巨大芽孢杆菌是存储于安瓿中的巨大芽孢杆菌冻干粉,见图 2-10。在进行微生物培养前,需对其活化,活化过程大致分为以下几步:

(1) 试验器材灭菌处理。将玻璃器材如锥形瓶、量筒、玻璃棒等反复清洗至少三次,再用超纯水将所用器皿润洗干净;将试验器材置于高压蒸汽灭菌锅,进行高温高压灭菌处理,在温度 121 ℃、0.1 MPa 条件下保持 20 min。本试验采用的高压蒸汽灭菌锅型号为 YX-18LM,见图 2-11。

(2) 配置液体培养基。按表 2-7 中的培养基配方分别取各类营养物质置于去离子水中;待充分溶解后,取适量装入锥形瓶,用医用棉塞住瓶口,包裹一层牛皮纸,用棉线扎口封装;将配制完成的培养液置于高压灭菌锅,在 121 ℃、0.1 MPa 条件下保持 30 min;取出后放

图 2-10　巨大芽孢杆菌冻干粉

图 2-11　高压蒸汽灭菌锅

至超净工作台,进行 20 min 紫外线杀菌处理,待冷却后备用。超净工作台型号为 SW-CJ-1FD,见图 2-12。

　　(3)安瓿开封。在超净工作台中操作,用 75％医用酒精对瓶身消毒,用镊子敲击瓶身顶部,取出瓶内细菌编号纸,将巨大芽孢杆菌冻干粉留在瓶内。用无菌移液枪吸取 2 mL 无菌水注入瓶内,用移液枪反复吹打,促进巨大芽孢杆菌干粉充分溶解,形成悬浮溶液。

　　(4)接种。在超净工作台的无菌环境下进行,使用无菌移液枪吸取巨大芽孢杆菌悬浮液,注入经灭菌处理后的液体培养基,完成后用医用棉、牛皮纸、棉线进行封装。

　　(5)培养。将接种后含有巨大芽孢杆菌的液体培养基放入恒温振荡培养箱,在 30 ℃、200 r/min 条件下培养 48 h。恒温振荡培养箱型号为 ZD-85,见图 2-13。

图 2-12　超净工作台

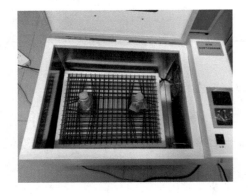

图 2-13　恒温振荡培养箱

　　巨大芽孢杆菌活化后可进行扩大培养,须在严格的无菌环境下进行,所有试验操作均在紫外灯灭菌后的超净工作台中完成。扩大培养后得巨大芽孢杆菌用于后续试验。具体步骤如下:

（1）配置液体培养基。根据表 2-7 配制液体培养基，用于细菌的扩大培育。配制完毕后装入锥形瓶，用医用棉、牛皮纸、棉线扎口封装，如图 2-14 所示。

（2）灭菌处理。将封装完成后的液体培养基放入高压蒸汽灭菌锅，进行高温蒸汽灭菌处理，参数控制为 120 ℃、0.1 MPa，保持 30 min。完成后取出液体培养基放入超净工作台，进行紫外线灭菌 20 min，待冷却后备用。灭菌处理如图 2-15、图 2-16 所示。

图 2-14　液体培养基　　　　图 2-15　高压蒸汽灭菌　　　　图 2-16　紫外线灭菌

（3）接种。用无菌移液枪吸取 4～5 mL 活化好的菌液，分别注入两瓶新鲜培养基中，用酒精灯外焰对瓶口消毒，完成封装。

（4）培养。将接种完成的液体培养基放入恒温振荡培养箱进行培养。现有研究表明：巨大芽孢杆菌的最适生长温度为 30 ℃，在巨大芽孢杆菌培养过程中，加快摇床转速使液体培养基接受更多的氧气，而巨大芽孢杆菌属于好氧细菌，高转速有利于细菌生长，在 200～250 r/min 区间可获得较高的菌液浓度。但是转速过高会对细菌造成机械损害，且高转速易导致试验过程中摇瓶破裂，因此选择摇床转速为 200 r/min。培养参数设置为 30 ℃、200 r/min，培养 48 h。

（5）保存。培养完成的菌液如需短期保存，可直接置于冰箱以 4 ℃保存。如需长期保存，可采用高速冷冻离心机，在 4 ℃、7 520 r/min 条件下对菌液离心处理，使细菌成团沉淀，除去上清液并加入去离子水，摇匀形成悬浊液。用移液枪吸取细菌悬浊液注入冻存管，加入甘油（比例为 1∶1.5），待充分混合后置于冰箱以 −80 ℃中长期存储。

2.3.4　微生物的生长曲线

测试菌液浓度是观测微生物生长活性的有效手段，传统方法如活菌计数法，虽能准确检验，但时效性较差，无法及时确定实际浓度，且工作烦琐；比浊法虽效率较高，但精确度不高，易产生较大误差。

分光光度法已被广泛应用于医学、材料、环境等多个领域。该方法的原理是：微生物细胞浓度越大，菌液的浑浊度越高，二者呈正相关关系，菌液浑浊度越高吸光度越大，因此细菌浓度可通过吸光度来表征。

利用紫外可见分光光度计测试菌液浓度具有操作简便、经济、准确、高效的特点,相比传统方法精密度更高、适用性更好,作为一种更加高效的替代手段,常被用于微生物菌液浓度的量化测定。

取培养完成的微生物菌液,按照不同的设定稀释比例(1∶2、1∶4、1∶8、1∶16、1∶32),用水依次稀释成五种浓度梯度。调节分光光度计至 600 nm 波长,通过对比菌液与空白水样的吸收光能量差,测定吸光度(A_{600})。接种后定时测量菌液浓度,每隔 24 h 测试一次,连续测试 7 天内 A_{600} 的变化,测试结果如表 2-9 所示。

表 2-9　接种后菌液 A_{600} 值

测试时间	稀释比例				
(接种后天数/d)	1∶32	1∶16	1∶8	1∶4	1∶2
1	0.161	0.313	0.564	0.897	1.260
2	0.265	0.464	0.825	1.247	1.583
3	0.259	0.454	0.830	1.263	1.631
4	0.260	0.506	0.810	1.237	1.586
5	0.131	0.247	0.463	0.709	1.118
6	0.125	0.232	0.422	0.681	1.092
7	0.087	0.162	0.290	0.530	0.742

以稀释比例为横坐标,以 A_{600} 为纵坐标,绘制 A_{600} 校准曲线。如图 2-17 所示,菌液稀释比例与 A_{600} 呈线性正相关关系,根据校准曲线可计算出各测试时间对应的菌液 A_{600} 值。

以培养时间为横坐标,以计算得到的 A_{600} 为纵坐标,绘制巨大芽孢杆菌的生长活性曲线,见图 2-18。通过对细菌生长曲线图分析可知,巨大芽孢杆菌的生长曲线分为三个阶段:

(1)生长期。在此阶段,细菌适应培养环境,培养基为细菌提供充足的营养物质,使其迅速繁殖生长。

(2)稳定期。由于营养物质消耗、代谢产物积累,细菌增殖数与死亡数逐渐趋于平衡,细菌数量达到最大值,生长曲线停止上升,趋于稳定。

(3)衰亡期。培养环境中营养物质不足,生长环境变差,细菌繁殖变慢,细菌开始大量死亡。

巨大芽孢杆菌通过新陈代谢产生脲酶水解尿素得到 NH_4^+ 和 CO_3^{2-},使菌液电导率增加。研究发现菌液的电导率变化量与尿素水解量呈正比关系,因此可利用单位时间内电导率的变化量来间接表征脲酶活性。

根据电导率法测算巨大芽孢杆菌的脲酶活性,优势在于操作简便、精度高。试验分为以下三个步骤:

(1)配制浓度为 1.1 mol/L 的尿素溶液;

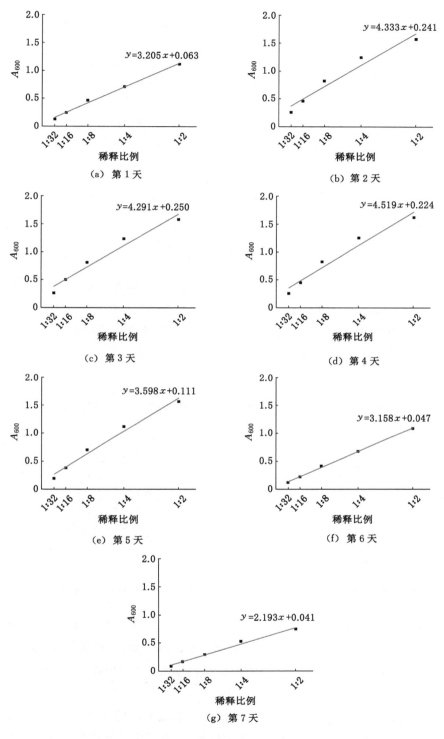

图 2-17　接种后菌液 A_{600} 校准曲线

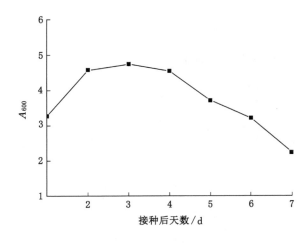

图 2-18　细菌生长曲线

（2）将 5 mL 待测菌液与 45 mL 尿素溶液混合，并使用多参数分析仪（型号 DZS-708L）连续测试 5 min 内电导率变化情况，温度保持在 20 ℃左右；

（3）通过计算得到平均每分钟电导率变化值，乘以菌液的稀释倍数，即为菌液的脲酶活性［单位为 $\mu S/(cm \cdot min)$］。测试结果如表 2-10 所示。

表 2-10　接种后菌液酶活性变化

测试时间（接种后）	电导率参数			
	最小值/($\mu S/cm$)	最大值/($\mu S/cm$)	变化量/($\mu S/cm$)	平均值/[$\mu S/(cm \cdot min)$]
24 h	2 383.1	2 394.9	11.8	2.36
48 h	2 293.8	2 350.0	56.2	11.24
72 h	2 835.0	2 891.0	56	11.2
96 h	2 673.4	2 723.2	49.8	9.96
120 h	2 536.5	2 566.0	29.5	5.9
144 h	2 579.4	2 596.0	16.6	3.32
168 h	2 539.6	2 551.8	12.2	2.44

以培养时间为横坐标，以脲酶活性为纵坐标，绘制菌液的脲酶活性曲线，见图 2-19。在培养初期，细菌繁殖速度较快，相应的菌液脲酶活性迅速增大；在接种 48 h 后，由于细菌数量达到峰值，脲酶活性趋于稳定；之后随着细菌死亡速度大于繁殖速度，活菌数量减少，菌液脲酶活性逐渐降低。

结合巨大芽孢杆菌的生长活性曲线和脲酶活性曲线可以发现，随着巨大芽孢杆菌培养时间的变化，生长活性与脲酶活性发展趋势大致相当，且变化节点基本一致。变化特点可归纳为：前期快速升高，中期趋于稳定，后期逐渐降低。根据上述分析，本书选用接种后培养时间在 48～72 h 之间的巨大芽孢杆菌菌液，用于后续的室内试验研究。

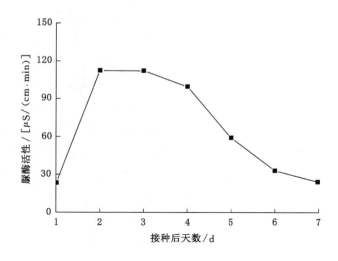

图 2-19　脲酶活性

2.3.5　微生物原位使用驯化

为进行微生物的原位应用,本次直接选用工业化材料巨大芽孢杆菌干粉(如图 2-20 所示,活菌大于 10^{10} CFU/g)。

图 2-20　工业化的巨大芽孢杆菌干粉

此外,为了适应各类气温等条件,对微生物进行了驯化。微生物对环境有一定的适应能力,特别是经过有针对性的驯化,微生物可以保持更高的活性。为分析本次使用微生物的环境适应性,进行了两类微生物环境适应性实验分析。

第一类试验设计为:对菌种激活后第 1 次、第 2 次和第 3 次接种,接种后进行第 3 天、第 5 天、第 7 天、第 11 天、第 13 天和第 15 天的 OD600 值(吸光值)的测试。测试结果显示,培养代数增加,微生物能够更好地适应本地区的环境,有更好的生长曲线。

第二类试验设计为：由于研究区 5 月气温在 10～30 ℃之间波动，本次使用的微生物最佳富集温度在 30 ℃左右，但 10 ℃以上也可以逐渐富集。为使得微生物菌种能够适应工程区的气温（10～30 ℃），在培养富集阶段就对温度提前进行了微生物适应性驯化。本次试验培养温度降低到工程区最常见温度 20 ℃接种 3 次。然后培养到 30 ℃保持 10 d，达到与前述相似的 OD600 值。接着把驯化后的菌液与胶结液按体积比 1∶2 混合成 50 mL 混合液，并在胶结液中加入前述的培养基，混合液在研究区温度波动下养护（本次模拟研究区 5 月气温在 10～30 ℃之间波动），养护 3 d、7 d、11 d 后通过过滤称重测定结晶产生的碳酸钙质量（不同养护天数各 3 个平行样品取平均值，共计 9 个样品）。此外，制作对照组，以 30 ℃富集的菌液与胶结液按体积比 1∶2 混合成 50 mL 混合液，并在胶结液（0.5 mol/L 尿素＋0.5 mol/L 氯化钙）中加入前述的培养基，混合液在研究区温度波动下养护，测试碳酸钙质量。

测试结果显示，驯化后微生物对工程区温度有更好的适应性（驯化前碳酸钙产率为 82.2％，驯化后的碳酸钙产率为 93.5％），说明针对研究区可提前进行微生物环境适应性驯化。此外，本次试验养护阶段加入了培养基，这也提高了微生物的活性，碳酸钙产量曲线也由逐渐平缓上升型变化为直线上升型。

2.4　小结

（1）研究区高瓦斯条件、复杂水文地质条件、脆弱生态环境条件等，决定了矿井有瓦斯封孔、沿空留巷、注浆防治水、地表修复等大量的矿山固化工程，急需开展绿色固化研究。

（2）研究区废弃物特征及 MICP 利用前景如下：矿井水以富钙高矿化度矿井水为主，可为 MICP 提供钙源。煤矸石中高岭石、石英、黄铁矿及其他含铁杂质及有机质等成分，可以为 MICP 提供骨料和肥料。粉煤灰可为 MICP 提供充填材料。

（3）本次选用的微生物为土著微生物，室内试验显示有良好的 MICP 效果。此外，有工业化活菌粉可以原位大规模应用，通过驯化可以满足不同的环境条件，可以应用于煤矿各类固化工程。

第 3 章　MICP 修复水泥基封孔材料研发及应用

　　瓦斯抽采钻孔密封的质量、封孔的效果直接决定着瓦斯抽采的效率,良好性能的封孔材料可以显著提升钻孔的封孔效果,保障瓦斯抽采高效进行。目前煤矿常用的封孔材料以普通硅酸盐水泥为基料,添加早强剂、膨胀剂、高岭土、硅灰、石灰等掺加剂。现有研究已经对硅酸盐水泥基封孔材料的配比做了大量优化,以满足瓦斯抽采钻孔对封孔材料强度、膨胀性、流动性方面的实际需求。但是随着抽采时间的推移、采动应力的影响,封孔段仍会产生大量裂隙,导致抽采钻孔密封性下降,瓦斯抽采浓度与抽采纯量衰减严重。因此,以现有硅酸盐水泥基封孔材料为基础,加入富钙高矿化度矿井水和 MICP 固化材料,来优化硅酸盐水泥基封孔材料。

3.1　MICP 修复水泥基封孔材料强度试验

　　实验室室内试验首先考虑在使用富钙高矿化度矿井水与 MICP 技术的情况下,MICP修复水泥基封孔材料是否能达到或提升原有配比材料强度。因此开展 MICP 修复水泥材料强度试验。

3.1.1　传统硅酸盐水泥基封孔材料强度试验

　　选取现煤矿使用的硅酸盐水泥基封孔材料作为试验对照组,在试样浇筑 1 d 后脱模,标准养护 3 d,开展抗折和抗压强度试验。

　　在抗压强度测试中,硅酸盐水泥基封孔材料试件,在试验进行 10 s 时,载荷达到 22 470 N,发生塑性破坏,抗压强度为 14 MPa。

　　在抗折强度测试中,硅酸盐水泥基封孔材料试件在试验进行 29 s,载荷达到 1 574.7 N,发生拉伸破断,抗折强度为 3.7 MPa。

3.1.2　MICP 辅助固化水泥基封孔材料强度试验

　　试验在 3.1.1 节的基础上,使用富钙高矿化度矿井水替代 3.1.1 节试验中使用的水,加入活性菌粉 100 g(每克含有活菌 1 亿个以上),并考虑微生物易于附着于纤维的特性,加入10 g 玄武岩纤维,为微生物提供生存环境,又通过 MICP 作用,进一步提升材料的力学特性。

　　MICP 修复水泥基封孔材料试件在抗压强度测试中,试验进行 13 s,载荷达到 31 460 N 时发生塑性破坏,抗压强度为 19.7 MPa。

MICP 修复水泥基封孔材料试件在抗折强度测试中,试验进行 42 s,载荷达到 2 182.5 N 时发生拉伸破断,抗折强度为 5.1 MPa。

试验结果表明,MICP 修复水泥基封孔材料相较传统硅酸盐水泥基封孔材料,塑性破坏时间延后 30%,承受荷载提高 40%,抗压强度提高 40.71%;拉伸破断时间延后 44.83%,承受荷载提高 38.60%,抗折强度提高 37.84%。

3.1.3 MICP 修复封孔材料微裂隙

由于煤炭开采与瓦斯抽采在一定的时空交叉作业,煤炭开采会造成封孔水泥产生微裂隙。此外,膨胀水泥干缩的过程也会产生裂隙。下面对水泥材料产生的不同尺寸的裂隙进行 MICP 修复试验。如图 3-1 所示,试样有宽度 1~5 mm 不等的裂隙。

图 3-1　水泥基裂隙试验样品

采用微生物与胶结液 1∶1 混合液体进行修复,反复修复 3 d(如图 3-2 所示)。根据观测,宽度大于 2 mm 的裂纹很难直接修复,需要进行充填修复,而宽度小于 2 mm 的裂隙可以直接修复,混合液能够较好地封堵水泥基裂隙(如图 3-3 所示)。

图 3-2　水泥裂缝修复过程

图 3-3　修复后的裂隙样品

3.2　工程应用

室内试验证明,MICP 修复水泥基封孔材料较传统硅酸盐水泥基封孔材料拥有更好的力学性能,满足现场施工的使用要求。为进一步验证 MICP 修复水泥基封孔材料修复裂隙、提升瓦斯抽采效率的效果,于毕节市纳雍县中岭矿业有限责任公司开展现场试验。

3.2.1　工程概况

中岭煤矿一井煤层均分布在龙潭组地层中,龙潭组系海陆交互相含煤建造,由碎屑岩、生物灰岩及煤组成,含煤 50 余层,分上、中、下三个含煤段,上段含煤层 14 层左右,中段含煤层 23 层左右,下段含煤层 13 层左右,属近距离煤层群。其中,中含煤段无可采煤层,上、下含煤段间距 140 m 左右,主要可采煤层集中在上含煤段。矿井龙潭组地层平均厚 320.77 m,有编号的煤层为 18 层,其中可采及局部可采煤层 12 层,即 1#、2#、3#、6#、6#下、7#上、7#、8#、10#、28#、31#、32#煤层,总厚 19.46 m,一井上煤组主采 3#、6#、8#煤层,各煤层倾角浅部一般为 14°～16°,深部一般为 4°～6°。

本次工程实施地点分别为 8# 煤层的 13082 瓦斯治理巷以及 13084 采煤工作面的瓦斯治理联络巷。根据中煤科工重庆研究院提供的《贵州中岭矿业有限责任公司一井主要煤层基本参数测定技术报告》,8# 煤层煤呈小片状及粉粒状构造,煤层断面呈层状结构,以半亮型、半暗型煤为主,大部分煤体用手可掰成小块状,断口呈参差状,软分层煤体用手可捻成碎粒状、粉末。孔隙率 F 为 7.79%,瓦斯吸附常数 $a=32.521$ m³/t、$b=1.414$ MPa⁻¹;破坏类型为Ⅱ～Ⅲ类(破坏～强烈破坏煤);一井 13 采区 8# 煤层破坏类型为Ⅲ类,坚固性系数 $f=0.5$,煤层自然发火倾向性属于Ⅲ类(不易自燃煤层),煤层无爆炸危险性。

在试验前收集前期在 13082 瓦斯治理巷对 13082 采煤工作面施工的穿层钻孔和 13082 运输巷施工本煤层顺层钻孔资料发现,中岭煤矿 8# 煤层平均厚度为 1.8 m、倾角为 14°～16°,实测 8# 煤层原始瓦斯含量为 13.41 m³/t,原始瓦斯压力为 1.34 MPa,坚固性系数为 0.5,瓦斯放散初速度 ΔP 为 34 mL/s,透气性系数为 0.050 1～0.143 9 m²/(MPa²·d),煤层具有突出危险性。结合 13082 工作面与 13084 工作面回采区域的构造情况以及钻探资料,设计在 13084 工作面运输瓦斯治理联络巷采取穿层钻孔预抽条带煤层瓦斯的区域防突措施。

3.2.2 瓦斯抽采试验方案

根据相关要求,煤巷两侧钻孔的控制范围不应小于 15 m。设计每 5 m 布置一个钻场,终孔间距为 4 m。

在 5 个钻场 25 个钻孔中选择 6 个钻孔开展水泥基 MICP 封孔材料现场试验,其余相近钻孔作为对照孔。

3.2.3 试验步骤

钻孔施工完成后,采用囊袋"两堵一注"带压封孔,封孔深度大于 12 m,筛管长度与钻孔实际长度一致,钻孔下筛管长度达钻孔竣工深度 90% 以上。具体试验步骤如下:

(1)确定封孔位置。根据封孔段距离孔口位置确定囊袋上注浆管和返浆管长度,预计好封孔位置,留足注浆管和返浆管长度。

(2)清孔扫孔。在正常退钻过程中,当退钻距离孔口 20 m 时,正向旋转钻杆,开始清孔,清孔时间为 3~5 min,直至钻杆全部退出。通过加大封孔段的排渣力度,减少孔内封孔段残留煤粉;在清孔退钻后,使用压风或压水,对封孔段进行扫孔,以进一步清理孔内残留煤粉。

(3)下抽采套管及封孔装置。按封孔方案,向钻孔中下抽采花管。在下 2 m 的抽采套管后,再下捆绑了新型封孔装置的抽采管,边连接封孔装置边下管(两囊袋间距 8 m,封孔段外端 7 m 处设置注浆管),直至整个封孔装置全部进入钻孔。

(4)注浆封孔。现场按 3.1 节室内试验中的配比调配 MICP 修复水泥基封孔浆液。先对封孔器的两个囊袋进行注浆,当压力上升到一定值后,在钻孔的设计封孔段两端形成高压堵头,在两个囊袋之间形成浆液封孔段。此时,囊袋中浆液压力达到爆破阀设计压力,爆破阀打开,浆液注入设计封孔段封堵钻孔。当浆液充满钻孔封孔段时,开始对囊袋中间段注浆,并使中间段注浆压力稳定在 0.8 MPa 左右,浆液进入钻孔周围煤(岩)体裂隙,封堵气体流动通道,从而实现高效封孔。

(5)连接抽采。采用 $\phi 51$ mm 抽放软管将孔口多通装置的出气口与气水分离装置进行连接,然后将孔口多通装置的落煤口与储煤装置相连接。将气水分离装置和储煤装置出气口上方的阀门打开,使得经气水分离后的瓦斯进入抽采管路,从而形成抽采系统。

3.2.4 试验数据及分析

图 3-4、图 3-5、图 3-6 分别展示的是 13084 采煤工作面瓦斯治理联络巷在使用 MICP 修复水泥基封孔材料封孔后连续监测 40 d 期间的瓦斯抽采浓度与相对应的对照钻孔抽采孔的瓦斯抽采浓度。可以看出,在抽采流量监测初期,部分 MICP 修复水泥基封孔材料封孔钻孔的瓦斯抽采浓度相对较低,但随着抽采时间的延长,抽采浓度迅速增大。导致这一现象的

主要原因可能是 MICP 修复水泥基封孔材料在凝结初期微生物尚未产生大量方解石结晶，以填充原生演化裂隙,致使抽采钻孔漏风导致瓦斯压力未升高,但是随着抽采时间的增加,微生物产生的大量方解石开始填充原生演化裂隙,抽采钻孔瓦斯浓度逐渐升高到抽采峰值。

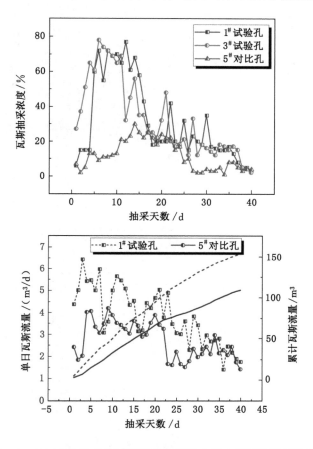

图 3-4　13084 采煤工作面瓦斯治理联络巷第 2 组瓦斯抽采数据

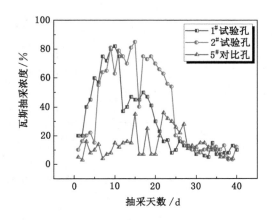

图 3-5　13084 采煤工作面瓦斯治理联络巷第 3 组瓦斯抽采数据

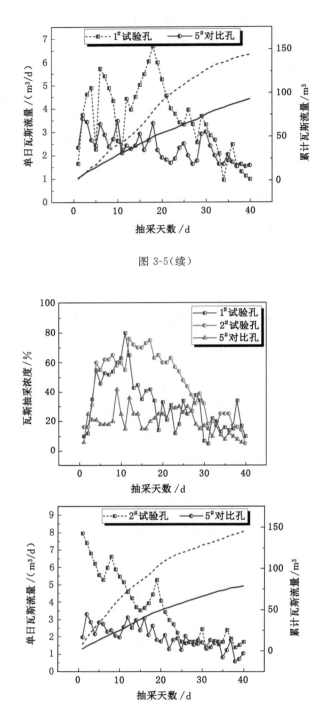

图 3-5（续）

图 3-6　13084 采煤工作面瓦斯治理联络巷第 5 组瓦斯抽采数据

　　MICP 修复水泥基封孔材料封孔钻孔在抽采约 5 d 后瓦斯的浓度迅速提高，在 10 d 左右时达到峰值浓度，可以达到普通钻孔的 4 倍左右。钻孔的瓦斯浓度并不是持续保持在很高的水平上,高浓度抽采期约 20 d。这表明,封孔效果优秀,抽采质量较高,使得周围煤体的瓦斯迅速被抽采殆尽。值得注意的是,在持抽采 40 d 后,钻孔瓦斯浓度与对照组瓦斯抽采的浓度较为接近,均保持在 8% 左右。这反映出,钻孔周围瓦斯已得到有效抽采,即将达到抽采极限。综合累计瓦斯流量可以大致估算出 MICP 修复水泥基封孔材料封孔钻孔的平均抽采流量为 3.7 m³/d,而普通钻孔的平均瓦斯抽采流量只有 2.5 m³/d,单孔瓦斯抽采流量提高了 1.5 倍左右。抽采 40 d 后,13084 工作面瓦斯治理联络巷 MICP 修复水泥基封孔材料封孔钻孔的平均总瓦斯抽采纯量是 150 m³ 左右,而普通抽采钻孔平均瓦斯抽采纯量是 90 m³ 左右;抽采结果表明,在 13084 采煤工作面瓦斯治理联络巷内使用 MICP 修复水泥基材料封孔后,预抽煤层瓦斯抽采总量能够有效提高 67% 左右。

3.3　小结

(1)室内试验结果表明:MICP 辅助固化水泥基封孔材料相较传统硅酸盐水泥基封孔材料,塑性破坏时间延后 30%,承受荷载提高 40%,抗压强度提高 40.71%;拉伸破断时间延后 44.83%,承受荷载提高 38.60%,抗折强度提高 37.84%。

(2)室内修复水泥裂隙试验表明:宽度小于 2 mm 的裂隙可以直接采用 MICP 技术进行修复,更大的裂隙需要预置骨料。

(3)通过 13084 采煤工作面瓦斯治理联络巷 MICP 修复水泥基封孔材料封孔试验对比可以得出,总体上,MICP 修复水泥基封孔材料封孔的单孔平均瓦斯抽采浓度范围为 15%~45%,而普通抽采钻孔的瓦斯抽采浓度只有 3%~15%,单孔瓦斯抽采浓度提高了 3~5 倍(据图 3-4 至图 3-6)。与普通抽采钻孔抽采方式相比,使用 MICP 修复水泥基封孔材料封孔后,煤层瓦斯抽采总量能够有效提高 67% 左右,证实了 MICP 修复水泥基封孔材料的优越性。MICP 修复水泥基封孔材料能较有效促进瓦斯的抽采,大幅度缩短瓦斯治理达标时间。

第 4 章 MICP 辅助混凝土沿空留巷 材料研发及应用

4.1 沿空留巷材料配比试验

4.1.1 传统沿空留巷材料配比试验

传统巷旁混凝土充填设计中所需的施工材料见表 4-1。

表 4-1 传统巷旁混凝土充填沿空留巷施工材料

序号	材料名称	规格	用途或作用
1	模板	根据各矿实际情况而定	控制混凝土支护体成型
2	水泥	42.5R	混凝土中起胶结作用
3	水	淡水	用于拌和
4	砂	中砂	混凝土中起骨架作用
5	石子	碎石,5~16 mm 连续级配	混凝土中起骨架作用
6	外加剂	泵送剂等	获得合适的和易性
7	粉煤灰	二级	增强混凝土流动性

沿空留巷巷旁充填混凝土设计与普通混凝土设计相比:第一,砂率要比普通混凝土的大,通常情况下为 45%~50%;第二,石子的最大粒径要与输送管的直径及柔模厚度相适应,通常最大粒径小于 20 mm,一般采用 5~16 mm;第三,搅拌的混凝土水灰比以 0.4~0.6 为宜;第四,坍落度宜为 180~250 mm。

配合比试验共送检混凝土试块一批次,共 36 组,每组三个试块。混凝土地面试验分为 9 种不同配合比,但根据现场试验最终确定 4 组配合比。

依据徐州要塞矿业科技有限公司检测中心监测出具的混凝土抗压强度试验报告,检验数据见表 4-2~表 4-5。

4.1.2 MICP 辅助固化沿空留巷巷旁充填材料配比试验

由前述试验结果(表 4-2~表 4-5)可以看出,沿空留巷的混凝土强度在 3 d 时已经达到设计强度,但此时受到顶板传递的压力可能会发生微破坏,造成沿空留巷巷旁充填墙体强度损失。因此,在混凝土墙体受力微破坏后,急需进行修复。

表 4-2　配合比①及各龄期试块抗压强度检验结果

名称	单位体积试样质量 /(kg/m³)	龄期/d	抗压强度 /MPa	达设计强度 比例/%	备注		
水泥	450	1	3.1	15.5	水泥采用 42.5R 普通硅酸盐 水泥	砂率 S_p=47.1%	水灰比 W/C= 0.43,坍落度在 240～255 mm 之间
水	195	3	20.6	103			
砂	800	5	27.5	137.5			
石子	900	7	33.4	167			
粉煤灰	120	14	—	—			
外加剂	1.8	28	—	—			

表 4-3　配合比②及各龄期试块抗压强度检验结果

名称	单位体积试样质量 /(kg/m³)	龄期/d	抗压强度 /MPa	达设计强度 比例/%	备注		
水泥	450	1	5	25	水泥采用 42.5R 普通硅酸盐 水泥	砂率 S_p=44.4%	水灰比 W/C= 0.44,坍落度在 240～250 mm 之间
水	200	3	20	100			
砂	800	5	26.3	131.5			
石子	1 000	7	26.2	131			
粉煤灰	120	14	—	—			
外加剂	1.8	28	—	—			

表 4-4　配合比③及各龄期试块抗压强度检验结果

名称	单位体积试样质量 /(kg/m³)	龄期/d	抗压强度 /MPa	达设计强度 比例/%	备注		
水泥	450	1	3.1	15.5	水泥采用 42.5R 普通硅酸盐 水泥	砂率 S_p=47.1%	水灰比 W/C= 0.42,坍落度在 240～250 mm 之间
水	190	3	23.7	118.5			
砂	800	5	29.7	148.5			
石子	900	7	33.5	167.5			
粉煤灰	80	14	—	—			
外加剂	1.8	28	—	—			

表 4-5　配合比④及各龄期试块抗压强度检验结果

名称	单位体积试样质量 /(kg/m³)	龄期/d	抗压强度 /MPa	达设计强度 比例/%	备注		
水泥	420	1	2.5	12.5	水泥采用 42.5R 复合硅酸盐 水泥	砂率 S_p=47.1%	水灰比 W/C= 0.46,坍落度在 230～240 mm 之间
水	195	3	20	100			
砂	800	5	23.8	119			
石子	900	7	31.7	158.5			
粉煤灰	120	14	—	—			
外加剂	1.7	28	—	—			

MICP 辅助固化沿空留巷墙体材料的试验过程如下:

(1)制作初始样品。采用表 4-2～表 4-5 的配合比制作混凝土试块。共制作 4 组样品,每组12个样品。

（2）制作微破坏样品。在步骤（1）的样品养护3 d后，以表4-2～表4-5中3 d极限抗压强度的约70%（14 MPa）作为施加压力加载2 d。

（3）MICP修复微破坏样品。在步骤（2）的基础上，除保留3个对比样品外，其余试样全部浸泡微生物修复液（修复液含微生物、尿素、钙源，其OD600值为1.3，钙源为$CaCl_2$）。

（4）测定MICP辅助固化样品性能。分别测定MICP辅助固化2 d、4 d和6 d的单轴抗压强度。4组样品的测定结果如图4-1～图4-4所示。

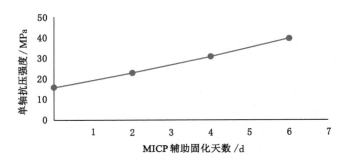

图4-1　配合比①辅助固化强度

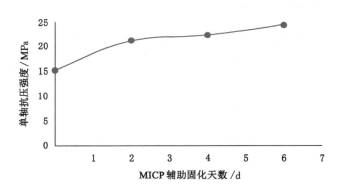

图4-2　配合比②辅助固化强度

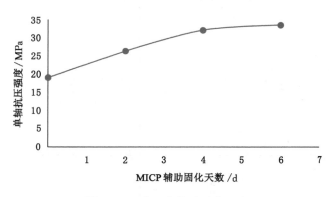

图4-3　配合比③辅助固化强度

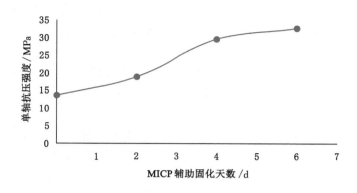

图 4-4　配合比④辅助固化强度

通过图 4-1～图 4-4 可以看以下几点：

（1）MICP 辅助固化之前，混凝土墙体在制作初期由于受到顶板传递的压力，混凝土 3 d 固结强度有所下降，室内试验显示下降后强度为表 4-2～表 4-5 所示同期强度的 68.40%～80.63%。

（2）随着 MICP 辅助固化开展，4 d 后修复强度接近未发生疲劳损伤的强度，说明 MICP 修复 4 d 能够达到设计标准。

（3）修复 4 d 后，由于 MICP 修复的持续性，沿空留巷强度继续增加，超出了传统沿空留巷未发生疲劳损伤的数值，修复 6 d 后增加的幅度达到顶峰。

4.2　MICP 辅助固化沿空留巷充填材料技术及工程应用

4.2.1　工程概况

4.2.1.1　工作面位置及井上下关系

象山矿 21306 工作面位于南一下山采区，南一 5# 煤输送机大巷西侧，为南一下山采区第一个 3# 煤综采工作面，其东部与未采的 21305 工作面相邻，南部以南一采区 3# 煤边界回风下山煤柱为界，西部与设计中的 21307 工作面相邻，北部以南一轨道下山 80 m 煤柱为界。其地理坐标范围为 x：3 926 676.57～3 928 727.18 m；y：19 442 719.29～19 443 287.0 m。

该工作面沿走向条带布置。工作面走向长（平均）1 999 m，工作面倾向宽 215 m，面积为 429 785 m²，煤层底板高程＋165.1～＋190.5 m，对应地表高程＋646.0～＋787.0 m，覆岩厚度 622.0～455.5.0 m。对应地表在工作面开切眼上方有夜河村，北部停采线上方有李家沟村，其余为山梁、沟谷、阶地。李家沟两个水井（44#，另一个未编号）和一个泉（45#）、夜河村一个水井（38#，村民生活用水井），运巷切口地面相对位置西南方向 110 m 为夜河沟，沟内有水，根据 2005 年数据，水量为 2 m³/h。该工作面开采沉陷将直接影响两村村民的安全。在工作面进风巷中部有一 57# 地质钻孔，该钻孔在煤层段已封堵处理。

4.2.1.2　煤层煤质

3# 煤岩层类型为半亮型，煤层以亮煤为主，中夹镜、暗煤细条带。煤岩结构简单，煤层下部局部夹矸,夹矸厚度为 0.1～0.2 m,底部有 0.2～0.3 m 厚粉末煤层。运、回两巷煤层厚度较稳定,为 1.4～2.7 m,一般为 1.8 m 左右。其中在运输巷受向斜影响,16# 测点前 11～28 m 巷道煤层变薄,变薄为 0.65～1.3 m;21# 测点前 15～46 m 煤层厚度不稳定,局部变薄为 1.1 m。进风巷 9# 测点前 4～25 m 受断层影响煤层厚度不稳定,煤层厚度为 0.5～1.4 m。开切眼机头向前 75 m 受断层影响煤层厚度不稳定,断层处煤层变薄为 0.6～0.9 m。总体上看,进风巷煤厚比运巷煤厚稳定,煤层厚度变化较小,属稳定的中厚煤层。

该 3# 煤层煤种为贫煤,根据煤层揭露情况和钻孔资料分析,工作面上部煤层灰分在 15％～20％及以下,中下部煤层灰分大于 25％;工作面 NW 部靠近运输巷硫分在 0.5％以上,其余均在 0.5％以下。

4.2.1.3　煤层顶底板

根据勘探及掘进所揭露的地质资料(图 4-5),现将顶板岩性分述如下。

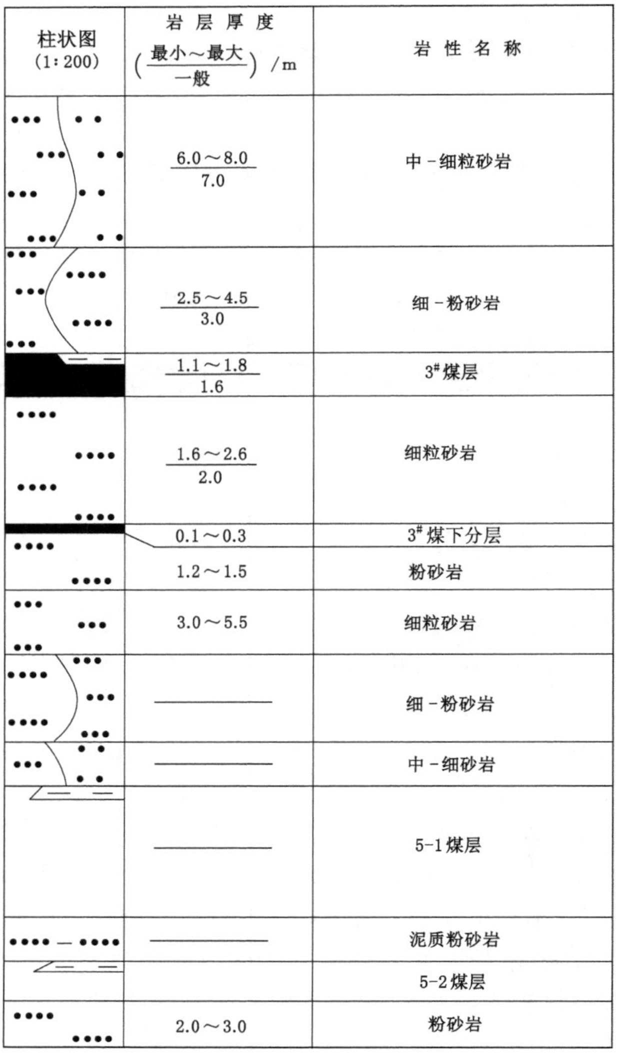

柱状图 (1:200)	岩层厚度 $\left(\dfrac{最小～最大}{一般}\right)$ /m	岩性名称
	$\dfrac{6.0～8.0}{7.0}$	中-细粒砂岩
	$\dfrac{2.5～4.5}{3.0}$	细-粉砂岩
	$\dfrac{1.1～1.8}{1.6}$	3# 煤层
	$\dfrac{1.6～2.6}{2.0}$	细粒砂岩
	0.1～0.3	3# 煤下分层
	1.2～1.5	粉砂岩
	3.0～5.5	细粒砂岩
	——	细-粉砂岩
	——	中-细砂岩
	——	5-1 煤层
		泥质粉砂岩
		5-2 煤层
	2.0～3.0	粉砂岩

图 4-5　象山矿 21306 工作面煤层柱状图

（1）伪顶：厚度在 0.10～0.20 m 之间，一般均在 0.15 m 左右，岩性为灰黑色泥岩，呈块状、易破碎，回采时随煤层垮落。

（2）直接顶：工作面直接顶以泥质粉砂岩和粉砂岩为主，由北向南粒度逐渐增大，底部有一层 0.2～0.3 m 厚的中、细粒砂岩，致密坚硬。粉砂岩呈灰色，中、厚层状，泥质胶结，垂直节理、斜节理较发育，主要以 NW/NEE 向节理为主，每米 2～6 条。岩层厚度在 4.8～7.2 m 之间，一般在 5.4 m 左右。

（3）基本顶：由中细砂岩、泥岩组成，砂岩为中厚层状，致密坚硬，厚度有一定变化，一般在 6.5 m 左右。

（4）底板：该工作面伪底不发育，煤层直接底为灰色粉砂岩，泥质胶结，中厚层状，含有植物根茎化石，厚度在 3.8～5.2 m 之间，一般在 4.2 m 左右。

4.2.1.4　地质构造

根据巷道所揭露的地质资料看，该工作面煤层总体呈倾向 SW、SWW 向的单斜构造，倾角为 2°～10°，一般为 4°。地层在走向及倾向上有较明显的起伏变化，具有中部高两端低的特点。该面构造发育，断层主要以 NW、NEE 向为主，NNE、NWW 向次之，均为正断层。最大断距为 2.6 m，最小断距为 0.4 m，共计揭露断层 7 条，其中断距大于 1.0 m 的有 4 条。各断层产状要素见表 4-6。

表 4-6　各断层产状要素

断层编号	倾向/(°)	倾角/(°)	断距/m	影响程度	延伸长度/m
F01	224	30	1.6	较大	40
F02	27	25	0.4	小	20
F03	69	20	0.7	小	20
F04	125	27	0.4	小	30
F05	85	31	1.7	较大	70
F06	281	37	1.6	较大	80
F07	114	43	2.6	较大	100

根据运输巷和进风巷地质资料分析，对于进风巷 F07、F06 断层，根据断层产状要素预测，断层将向工作面延伸，影响长度 100 m、80 m；对于开切眼 F05 断层，根据断层产状要素预测，断层将向工作面延伸，影响长度 70 m；运输巷的 F23 断层预测为一个断层，造成运、回两巷 40 m 左右的全岩断层带，该断层在工作面推采过程中对生产影响较大，过断层前应提前做好准备工作。

4.2.2　混凝土强度监测

本次井下混凝土强度采用回弹仪进行监测，依据中华人民共和国行业标准《回弹法检测混凝土抗压强度技术规程》(JGJ/T 23—2011)进行回弹法强度监测。

监测点布置 4 个，两个传统材料监测点，另外两个为 MICP 辅助固化监测点，监测结果对比如图 4-6 所示。可以看出以下几点。

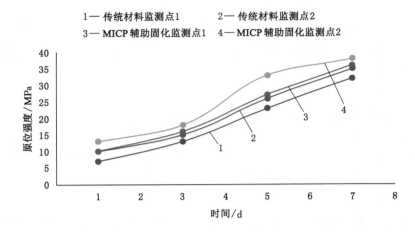

图 4-6 沿空留巷原位强度测定

（1）MICP 辅助固化后，相比传统的材料，强度有明显的提升。

（2）前 5 d 为强度快速增加时间，5 d 时传统材料强度达到 23～26 MPa，接近设计强度，而 MICP 辅助固化强度可达 27～33 MPa，已经达到设计强度，之后曲线趋于平缓。

（3）相比室内试验成果（表 4-2～表 4-5），现场的强度明显有所降低，说明混凝土墙体在形成初期受上覆荷载作用发生了微破坏（由图 4-7 可以看出墙体在初期即开始承受一定的荷载，发生了位移），而 MICP 可持续修复这类破坏。

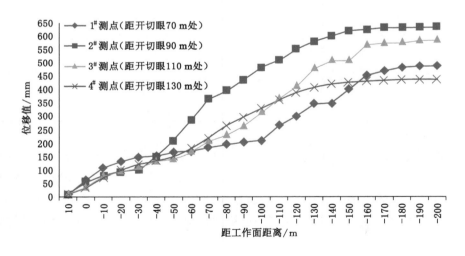

图 4-7 沿空留巷工程中各监测点位移

4.2.3 柔模防微生物漏失技术

以上提到的微生物加入方式为注入法。过去的研究发现，采用注入法修复裂缝时，碳酸钙的填充率最高仅达到 58.3%。这可能是因为在修复裂缝时,碳酸钙往往只在裂缝口处形成,无法进一步渗入裂缝内部,从而限制了在裂缝深度方向的修复效果。这最终导致实际生成的碳酸钙量远低于理论值。由于混凝土本身是多孔体系,低黏性的修复液在注入混凝土后容易被基体吸收,无法准确定位到裂缝处进行修复。因此,延长修复液在混凝土裂缝内停留的时间是缩短修复周期的一种重要方法。为了提升微生物滞留时间,对巷旁充填体进行了柔性模料密封,在室内进行了柔模材料滞留微生物的试验,发现该材料可以有效阻止微生物随着水流脱离养护体。

　　柔模支护现场操作流程如下(如图 4-8):高性能自密实混凝土用混凝土输送泵注入预先固定在巷道帮部的模板中。模板采用一次性柔性模板,由双层高强度布缝制而成,具有透水不透浆的特性。挂设时,将柔模两侧的翼缘套入钢筋,靠采空区侧钢筋与工字钢上的螺母连接,靠巷道内侧的钢筋用单体支柱顶上顶板,柔模被吊挂起来。模板上设有锚栓孔,柔模挂设起来后,锚栓穿入锚栓孔,锚栓两端用托板、螺母连接。在采煤支架通过后的区域,对3 d 内形成的墙体内部通过灌注口进行微生物菌液＋胶结液的灌注。现场试验证明,柔模养护区域的 5 d 混凝土强度可进一步提升至 26～37 MPa,相比无防微生物漏失措施的墙体,强度进一步提升。

图 4-8　柔模养护图

4.3　小结

　　(1) MICP 辅助固化之前,混凝土墙体在制作初期由于受到顶板传递的压力,混凝土 3 d 固结强度有所下降,室内试验显示受损的墙体强度仅为 68.40%～80.63%,现场位移监测验证了墙体初期微破裂的发生。

　　(2) 随着 MICP 修复起作用,室内试验 4 d 修复强度接近未发生疲劳损伤的强度,说明

MICP修复4 d即能够达到设计标准,现场混凝土回弹仪监测结果(3~5 d)验证了这一结论。

（3）室内试验显示,由于MICP修复的持续性,4 d后沿空留巷墙体强度继续增加,超出了传统沿空留巷墙体未发生疲劳损伤的数值,6 d后增幅明显下降,接近了顶峰。现场原位试验结果验证了这一结论。

（4）由于MICP修复液不能很好地滞在巷旁充填体微裂隙中,而柔模材料透水而不透微生物,相比钢板支护,采用柔模防微生物漏失技术后强度进一步提升,5 d强度可达26~37 MPa。

第 5 章　MICP 辅助黏性土基防治水材料研发及应用

5.1　防治水材料室内试验

5.1.1　天然黏性土材料特性

煤层底板注浆材料主要有三种类型：黏性土浆液、水泥浆液和化学浆液。其中，前两种是常见的使用材料，而化学浆液则只在特殊条件下使用。

在渭北煤田，目前使用的底板注浆材料主要是以黄土为主，辅以水泥，并按一定比例与水混合而成的浆液。黄土是一种在全球干旱中纬度地区常见的土壤类型，也是中国西北地区广泛分布的黏性土。这种土壤富含碳酸盐，在自然状态下具有发育的孔隙和垂直裂隙。根据形成时间的先后顺序，黄土可以分为保德红土、静乐红土、午城黄土、离石黄土和马兰黄土等不同类型，具体详情见表 5-1。

表 5-1　黄土不同时代的名称

时代		名称	
第四纪	全新世	马兰黄土 2	新黄土
	上更新世	马兰黄土 1	
	中更新世	离石黄土 2	老黄土
		离石黄土 1	
	下更新世	午城黄土	
新近纪	上新世	静乐红土	
		保德红土	

根据野外观测和室内实测结果，渭北煤田使用的黄土属于离石组黄土，具体见图 5-1。离石组黄土广泛分布于渭北煤田各个矿区，并且物源丰富。相比之下，新近系砂质黏土虽然在黏性方面优于离石组黄土，但仅分布在底板水害不显著的蒲白和铜川矿区，不易在大范围推广应用。

黄土在陕西省境内分布广泛，根据以往的研究，黄土被认为是由中亚细亚地区在强旋风作用下搬运而来的。此外，研究结果显示，黄土的黏粒含量从西北向东南逐渐增加。由于渭北煤田位于黄土高原的东南地区，因此其黄土层的黏粒含量相对丰富，这使得它成为注浆材

图 5-1 离石组黄土

料的良好原料。

5.1.1.1 物理力学性质测定结果

经过对区内离石黄土的取样测试,得到了离石黄土的基本物理力学性质,具体结果见表 5-2。同时,对不同深度的离石黄土进行了颗粒分析和塑液限测试,相关数据见表 5-3。根据表中的结果可以看出,离石组黄土在区内的粉粒含量最高,这使其被归类为粉土或粉质黏土,按照以往的土体类型划分,可以被划分为亚黏土。需要注意的是,在制造浆液的过程中,砂粒成分已经通过振动去除,因此最终制造的浆液只包含粉粒和黏粒。

表 5-2 离石黄土基本物理力学性质指标

含水率/%	密度 /(g/cm³)	相对密度	孔隙比	内聚力 /kPa	内摩擦角 /(°)	压缩系数 /MPa⁻¹	压缩模量 /MPa	无侧限抗压 强度/kPa
9.2~20.8	1.75~2.11	2.69~2.71	0.47~0.76	38~101	27.9~33.8	0.08~0.25	7~22.1	119~159

表 5-3 离石黄土颗粒分析试验成果

土样 编号	取样深度 /m	颗粒百分比/%				液限 /%	塑限 /%	塑性 指数	土体 命名
		砂粒		粉粒	黏粒				
		0.5~0.25	0.25~0.075	0.075~0.005	<0.005				
1	4.2~4.35		8.7	72.9	18.4	28.6	18.1	10.5	粉质黏土
2	4.82~5.10		16.4	63.7	19.9	26.2	15.8	10.4	粉质黏土夹砂
3	5.73~5.75		32.0	49.4	18.6	24.9	16.2	8.7	粉质黏土夹砂

5.1.1.2 矿物成分分析

对离石组黄土进行 X 射线衍射分析,结果如图 5-2 和表 5-4 所示。

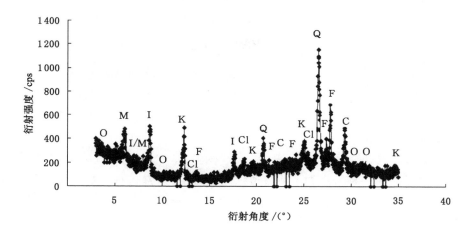

图 5-2　离石黄土 X 射线衍射光谱

表 5-4　黏土矿物相对定量分析结果

样品序号	土样名称	矿物成分含量/%					
		M	I/M	I	K	Cl	O
1	离石黄土	24	15	25	23	11	2

矿物标识及分子式如下。

M——蒙脱石：$(Na,Ca)_{0.7}(Al,Mg)_4(OH)_4(SiAl)_8O_{20} \cdot nH_2O$，包含蒙脱石和皂石两个亚族。

I/M——伊蒙混层：伊利石/蒙脱石形成的混层矿物。

I ——伊利石：$KAl_2(OH)_2(AlSi)_4O_{10}$。

K——高岭石：$Al_4(OH)_8Si_4O_{10}$。

Cl——绿泥石：$(Mg,Fe,Al)_6(OH)_8(Si,Al)_4O_{10}$。

Q——石英：SiO_2。

C ——方解石：$CaCO_3$。

F ——长石：$(Na,Ca)AlSi_3O_8/(Na,K)AlSi_3O_8$。

O——其他。

根据图 5-2 和表 5-4 的数据可知,离石黄土中含有较高比例的蒙脱石、高岭石和伊利石等黏土矿物。其中,蒙脱石的含量达到了 24%,属于较高水平。蒙脱石对黏土的渗透性影响较为显著,因为其矿物晶体结构决定了其具有高膨胀性,当蒙脱石遇水膨胀时,会导致黏土孔隙变小,从而降低了黏土的渗透性。

综上所述,离石黄土作为底板注浆的基础材料,在天然状态下主要由粉粒组成,含有较高比例的蒙脱石、伊利石等矿物,并且这些矿物分布广泛,易于获取。因此,离石黄土可以作为注浆的基础材料。为了提高其性能,需要去除砂粒成分,增加黏粒成分,以提高注浆的防渗和加固性能。

5.1.2　高钙浓缩矿井水改性黏性土材料特性

黄土是渭北煤田目前最常使用的基材,对黄土进行改性的效果主要从 3 个方面进行评估。首先是黄土的防渗性能,其次是黄土的固结强度,最后是黄土浆液的黏度。为了评估这些方面的性能,本次进行了变水头渗透试验、无侧限抗压强度试验和颗粒性材料黏度测定试验。

5.1.2.1　变水头渗透试验

（1）变水头渗透试验过程

变水头渗透试验是一种常用的土体渗透性测试方法,通常包括定水头试验和变水头试验。变水头试验是指在试验过程中,水头差随时间发生变化。进行这种试验,一种常用的设备是南-55 型渗透仪（如图 5-3 所示）。

图 5-3　变水头渗透试验用仪器

试验方法一般为,在 t 时间内记录水头变化（由 h_1 变为 h_2）、导水管截面积 a,测定试样断面积 A 和试验过水长度 L,然后依据公式（5-1）计算得出渗透系数 k。重复测定至少 3 次,进而得出该试验的平均渗透系数 k。

$$k = 2.3 \times \frac{aL}{At} \lg \frac{h_1}{h_2} \tag{5-1}$$

（2）本次试验设计

为对比矿井水改性黄土的效果,本次试验设计采用浓缩 50% 的矿井水浸泡黄土制成的重塑土样和超纯水浸泡黄土制成的重塑土样各 4 组（含水率均为 17.8%）,分别进行变水头试验。

① 浸泡黄土

为使得黄土中吸附的离子发生充分交换,将过筛后的黄土分别浸泡在浓缩 50% 的矿井水和超纯水中,并保持土体在液面以下,浸泡时间为 7 d,环境为室内阴凉处,浸泡前充分搅拌均匀,如图 5-4 所示。

② 烘干破碎过筛

将浸泡后的黄土用烘箱烘干,并破碎,然后过 120 目筛,得到的土体备用,如图 5-5 所示。

图 5-4　黄土浸泡

图 5-5　黄土过筛

③ 制样

依据黄土的最佳含水率,制作相同的含水率重塑土样,用南-55 渗透仪的环刀切出相同质量的土样,用于黄土变水头渗透试验。

④ 变水头试验

变水头试验所用的渗流液均为普通自来水,待试样饱和,渗流稳定后开始记录水头变化情况。

（3）本次试验结果

经过以上步骤,每种黄土试样计算 3 次渗透系数,并计算出渗透系数平均值,其结果如表 5-5 所示。

表 5-5　浓缩矿井水改性黄土变水头渗透试验结果　　　　单位:10^{-5} cm/s

浸泡液	试样编号	渗透系数 1	渗透系数 2	渗透系数 3	平均渗透系数
矿井水	K1	2.87	2.94	3.12	2.98
	K2	3.77	3.54	3.03	3.45
	K3	2.56	2.38	2.11	2.35
	K4	1.88	1.97	2.10	1.98

表 5-5(续)

浸泡液	试样编号	渗透系数 1	渗透系数 2	渗透系数 3	平均渗透系数
超纯水	C1	4.51	4.54	5.01	4.69
	C2	5.14	5.46	5.22	5.27
	C3	4.95	5.01	4.92	4.96
	C4	5.04	5.87	5.35	5.42

由表 5-5 可以看出,浓缩矿井水改性后的黄土试样渗透系数为 $1.98 \times 10^{-5} \sim 3.45 \times 10^{-5}$ cm/s,改性前黄土试样渗透系数为 $4.69 \times 10^{-5} \sim 5.42 \times 10^{-5}$ cm/s,防渗效果有显著提高,渗透系数下降幅度很大。

(4)试验结果分析

浓缩矿井水主要来自石灰岩地层,因此水中的钙离子含量较高。溶液中钙离子含量增高时,将会和碳酸根离子产生 $CaCO_3$ 沉淀,导致土中孔隙的阻塞。虽然钙离子会置换钠离子等低价离子,使得土体发生絮凝,使得孔隙变深、孔径变大,但 $CaCO_3$ 沉淀的阻塞作用更为显著。

5.1.2.2　无侧限抗压强度试验

(1)无侧限抗压强度试验过程

无侧限抗压强度试验是测定岩土体抗压强度的一种常规试验。试验过程中不对岩土样施加侧向限制,所采用的试验仪器为电动石灰土无侧限抗压仪,包括无侧限压缩仪和轴向位移计,如图 5-6 所示。

图 5-6　电动石灰土无侧限抗压仪

试验方法为:将重塑土样制作为直径 39.1 mm,高度 80 mm。转动手轮使试样和钢板刚好接触,将测力计归零。然后转动手轮,至测力计峰值后继续试验,应变达到 3%～5%后停止试验,并依据公式(5-2)计算无侧限抗压强度。

$$\sigma = \frac{10CR}{A_a} \tag{5-2}$$

式中,σ 表示轴向应力;C 表示测力计校正系数;R 表示百分表读数;A_a 表示校正后试件的断面积。

（2）本次试验设计

本次试验也是为了对比分析浓缩矿井水改性效果。分别采用超纯水和浓缩矿井水浸泡重塑土样（各 4 组）进行无侧限抗压强度试验，其中浸泡液浓缩矿井水为浓缩 50％的矿井水。

（3）试验结果

试验得到的结果如表 5-6 所示。

表 5-6　浓缩矿井水改性黄土无侧限抗压强度试验结果

浸泡液	试样编号	抗压强度/kPa	平均抗压强度/kPa
矿井水	J1	159	160.8
	J2	169	
	J3	148	
	J4	167	
超纯水	H1	122	128.5
	H2	138	
	H3	119	
	H4	135	

由表 5-6 可以看出，浓缩矿井水改性后的黄土平均无侧限抗压强度为 160.8 kPa，改性前为 128.5 kPa，提高了 25.14％，改性效果显著。

（4）试验机理分析

一般而言，土的强度取决于土中相邻颗粒（或颗粒群）间的有效作用力，在黏土中，由于黏土颗粒较细小，重力对其作用很小，因而颗粒间力（如范德瓦尔斯力、静电引力和斥力等）起主导作用。粒间作用力控制着粒间接触点的强度，从而影响土的强度和压缩性。在土力学中常用有效应力原理来描述土中各种应力的综合作用。根据有效应力原理，高塑性的饱和黏土中各作用力之间有如下关系：

$$\sigma = R - A + u = \sigma' + u$$

式中，σ 为总应力，是施加在土上的外力所形成的应力；σ' 为有效应力，与土的变形及强度密切相关；u 为孔隙中的静水压力；R 为单位面积颗粒间的电斥力，包含颗粒间的双电层排斥力（如静电斥力）；A 为单位面积颗粒间的电吸力，是长程引力（如范德瓦尔斯力）和静电引力所引起的作用力，随粒间距离的减小而增大。而根据双电层理论，通过改变土中离子的浓度及类型可以使双电层厚度发生变化，从而使土颗粒间的距离增大或减小。由此不难看出，土中离子浓度及类型的变化必然会影响土中的应力大小，进而影响到土的强度。目前，在黏土中加入钙离子可以提高黏土的强度已经成为共识，但此结果部分是因为产生了一些沉淀物质的原因。国外有学者进一步研究了 NaCl 对石灰加固黏土强度的影响，研究结果表明，钠离子对黏土强度有提高作用。

浓缩矿井水中主要的阳离子是钙离子和钠离子（测试中得到的是钠离子＋钾离子，但钾离子十分容易被植物根系吸收，在大气降水入渗到土壤后钾离子多数被吸收，不容易在深部含水层富集，实际水质全分析结果证明了该结论，另外也有试验证明钾离子有与钠离子相似的效果），钙离子产生沉淀，钠离子增大了双电层，使得电吸力 A 变小，进而有效应力得以提高。

5.1.2.3 颗粒性注浆材料黏度测定试验

（1）注浆材料黏度测定

黏度是流体内部阻碍其流动的一种特性，又称黏滞性或内摩擦性。对浆液黏度的测定主要有两类：一类针对颗粒性注浆材料（黏土浆液、水泥浆液和黏土-水泥浆液等），主要采用漏斗式泥浆黏度计测定；另一类针对化学注浆材料（水玻璃类、丙烯酰胺类、木质素类、脲醛树脂类等），主要采用旋转式黏度计或落球式黏度计。本次试验主要是针对颗粒性注浆材料，选用马氏漏斗作为黏度测定的仪器，如图 5-7 所示。

图 5-7　马氏漏斗

测试的方法为，以黏度计中流出 500 mL 泥浆所需的时间来计算，单位为 s，其误差为0.5 s。水的黏度为 15±0.5 s。

（2）本次试验的设计

浆液的黏度主要受到固液相比例、温度、黏结时间和黏度分散度等因素的控制。为此，本次试验在相同的温度（15 ℃）、相同的固液比（黏土和水质量比为 1∶1）、相同的试验时间（制浆后 1 min 内开始测定）条件下，主要查看浓缩矿井水对黏土分散度的影响。

为对比浓缩矿井水和超纯水对浆液改性的效果，分别将浸泡后的土样烘干、碾碎、过筛，各进行 4 组试验。

（3）试验结果及分析

试验得到的结果如表 5-7 所示。

表 5-7　浓缩矿井水改性黄土黏度测定结果

序号	1	2	3	4	5	6	7	8
浸泡液	超纯水				浓缩矿井水			
黏度/s	30.5	30.0	31.0	30.5	29.5	29.5	29.0	28.5
平均黏度/s	30.5				29.125			

由表 5-7 可以看出矿井水改性后黏度下降 4.51%，即流动性更好，浆液可注性更好，扩散范围更大。

（4）试验机理分析

浓缩矿井水中的阳离子种类较多，其中最为富集的是钙离子，其次为钠离子，但钙离子是二价离子，拥有更强的吸附势。因此黄土浸泡于浓缩矿井水后离子吸附和交换最多的是钙离子，其次是钠离子。钙离子的大量加入使得土体双电层结构变薄，土体结构发生絮凝，絮凝会使得浆液的黏度下降，使得其拥有更好的流动性和可注性。

5.1.3　MICP 辅助高钙浓缩矿井水改性黏性土材料特性

在 5.1.2 节的基础上，加入微生物辅助固化材料，然后对防渗性能、土固结强度和浆液的黏度进行测定。本次针对以上三个方面仍然采用变水头渗透试验、无侧限抗压强度试验和颗粒性材料黏度测定试验。

5.1.3.1　变水头渗透试验

（1）变水头渗透试验过程

采用 5.1.2 节的变水头试验操作方法，这里不再赘述。

（2）MICP 辅助固化渗透试验过程

为对比 MICP 辅助固化联合矿井水改性黄土的效果，本次试验设计进行浓缩 50％的矿井水浸泡黄土制成的重塑土样，然后烘干、破碎、制样，制样后采用 MICP 固化胶结材料在环刀内进行注入，具体的过程如下。

① 浸泡黄土

为使得黄土中吸附的离子发生充分交换，将过筛后的黄土分别浸泡在浓缩 50％的矿井水和超纯水中，并保持土体在液面以下，浸泡时间为 7 d，环境为室内阴凉处，浸泡前充分搅拌均匀，如图 5-4 所示。

② 烘干破碎过筛

将浸泡后的黄土用烘箱烘干，并破碎，然后过 120 目筛，得到的土体备用。

③ 制样

依据黄土的最佳含水率，制作相同的含水率重塑土样，用南-55 渗透仪的环刀切出相同质量的土样，用于黄土变水头渗透试验。

④ MICP 辅助固化

在制样的基础上，采用图 5-8 所示的菌液和胶结液进行样品辅助固化。MICP 辅助固化的过程如下：首先，在土样表面喷洒微生物菌液，喷洒后静置 1 d，如图 5-9 所示；再注入胶结液，胶结液喷洒直至无法注入为止；菌液和胶结液充分混合胶结，等待 1 d 使其固化。以上操作为一个循环，每个样品循环 3 次，制作成为最后的辅助固化样品。固化材料选用本书 2.3 节所述方法培养的高活性微生物材料及胶结材料，钙源则选择高钙矿井水。

⑤ 变水头试验

变水头试验所用的渗流液均为普通自来水，待试样饱和，渗流稳定后开始记录水头变化情况。

（3）本次试验结果

经过以上步骤，每个黄土试样计算 3 次渗透系数，并计算出渗透系数平均值，其结果如表 5-8 所示。

图 5-8　MICP 辅助固化材料

图 5-9　MICP 辅助固化处理样品

表 5-8　MICP 辅助浓缩矿井水改性黄土变水头渗透试验结果　　单位:10⁻⁵ cm/s

改性方法	试样编号	渗透系数 1	渗透系数 2	渗透系数 3	平均渗透系数
矿井水改性	K1	2.87	2.94	3.12	2.98
	K2	3.77	3.54	3.03	3.45
	K3	2.56	2.38	2.11	2.35
	K4	1.88	1.97	2.10	1.98
MICP 辅助矿井水改性	M1	0.63	0.59	0.56	0.59
	M2	0.85	0.78	0.73	0.79
	M3	0.59	0.79	0.67	0.68
	M4	0.47	0.67	0.52	0.55

由表 5-8 可以看出,MICP 辅助矿井水改性后的黄土试样渗透系数为 $0.55 \times 10^{-5} \sim$ 0.79×10^{-5} cm/s,浓缩矿井水改性后的黄土试样渗透系数为 $1.98 \times 10^{-5} \sim 3.45 \times 10^{-5}$ cm/s,改性前黄土试样渗透系数为 $4.69 \times 10^{-5} \sim 5.42 \times 10^{-5}$ cm/s,MICP 辅助固化下,防渗效果进一步提高,渗透系数下降 83.16% ~ 89.56%。

（4）结果分析

MICP 过程产生了大量的碳酸钙沉淀，相比较矿井水与黏土颗粒之间相互作用产生的沉淀，由于微生物作用碳酸根的产量更大，而浓缩矿井水中过剩的钙离子进一步与碳酸根结合，形成更大量的碳酸钙沉淀，有效降低了材料的渗透性。

5.1.3.2　无侧限抗压强度试验

（1）无侧限抗压强度试验过程

采用 5.1.2 节的变水头试验操作方法，这里不再赘述。

（2）MICP 辅助固化无侧限抗压强度试验过程

本次试验为对比 MICP 辅助固化的效果，分别采用无固化和固化联合矿井水改性的重塑土样品（各 4 组，每组 3 个样品）进行无侧限抗压强度试验，其中浸泡液浓缩矿井水为浓缩50％的矿井水，MICP 辅助固化的过程与变水头渗透试验相似，这里不再赘述。

（3）试验结果

试验得到的结果如表 5-9 所示。

表 5-9　MICP 辅助浓缩矿井水改性黄土无侧限抗压强度结果

改性方法	试样编号	抗压强度/kPa	平均抗压强度/kPa
矿井水	J1	159	160.8
	J2	169	
	J3	148	
	J4	167	
MICP 辅助矿井水	I1	255	244.3
	I2	234	
	I3	262	
	I4	226	

由表 5-9 可以看出，MICP 辅助浓缩矿井水改性后的黄土平均无侧限抗压强度为244.3 kPa，改性前为 128.5 kPa，提高了 90.12％，改性效果显著。

（4）结果分析

通过扫描电镜对生成碳酸钙结晶的空间分布、孔隙充填情况进行观测，研究 MICP 对裂隙土体物理力学性质的影响机理，如图 5-10 和图 5-11 所示[54]。

利用扫描电镜对 MICP 反应后试件裂隙附近的充填物及生成物进行微观观测，结果如图 5-11 所示。可以观察到填充介质颗粒间生成白色碳酸钙晶体，充填于砂土颗粒孔隙之中，碳酸钙生成较多的部位相互接触，将砂土颗粒胶结，有效起到填充与胶结作用。

由图 5-11 可看出，在砂土颗粒表面分布有碳酸钙晶体，部分呈簇状聚集，其余呈分散分布，且碳酸钙晶体多产出于砂土颗粒之间。细菌吸附在颗粒表面并以其本身为成核位点形成碳酸钙晶体，而细菌的电负性影响其吸附能力。随着碳酸钙晶体不断析出，距离相近的细菌生成的碳酸钙晶体叠加重合，呈簇状聚集形态，其微观原理如图 5-12 所示。

通过对 SEM 图像和微观原理示意图的分析可知，在 MICP 反应的初期阶段，碳酸钙晶体的析出较少，而砂土颗粒之间存在间隙。此时，以细菌细胞为成核点形成的碳酸钙晶体尚

图 5-10　试验用扫描电镜

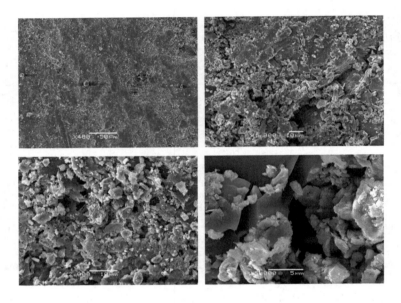

图 5-11　试样 SEM 图

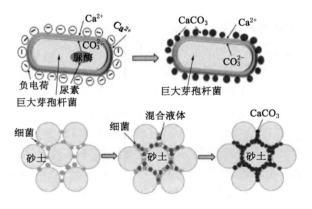

图 5-12　微生物固化砂土微观原理

未与砂土颗粒接触,而仅填充在裂隙土体的孔隙中。随着 MICP 反应的推进,碳酸钙晶体持续析出并相互接触,从而有效地胶结了砂土颗粒。随着试样的胶结强度不断增大,碳酸钙晶体在孔隙中不断充填。这种胶结作用显著提升了试样的抗压强度和抗剪强度。同时,由于孔隙被充填,试样的渗透性也随之降低。这些结果表明 MICP 反应能够改善土体的力学性质和渗透性能。

5.1.3.3　颗粒性注浆材料黏度测定试验

（1）注浆材料黏度测定

采用 5.1.2 节的黏度试验操作方法,这里不再赘述。

（2）本次试验的设计

浆液的黏度主要受到固液相比例、温度、黏结时间和黏度分散度等因素的控制。为此,本次试验在相同的温度（15 ℃）、相同的固液比（黏土和水质量比为 1∶1）、相同的试验时间（制浆后 10 min 内开始测定）条件下,主要查看 MICP 菌液和胶结液掺入浓缩矿井水对黏土分散度的影响。

由于防治水注浆是井上制浆（图 5-13）,井下连续注浆,而已有的研究发现 MICP 过程需要 1 d 固化过程才能逐步诱导方解石结晶,因此,这里主要对菌液和胶结液替代 10% 的浓缩矿井水进行黏度测定。

为对比浓缩矿井水和超纯水对浆液改性的效果,分别将浸泡后的土样烘干、碾碎、过筛,各进行 4 组试验。

（3）试验结果

试验得到的结果如表 5-10 所示。

表 5-10　微生物辅助浓缩矿井水改性黄土黏度测定结果

序号	1	2	3	4	5	6	7	8	9	10	11	12
浸泡液	超纯水				浓缩矿井水				菌液＋胶结液替代部分浓缩矿井水			
黏度/s	30.5	30.0	31.0	30.5	29.5	29.5	29.0	28.5	30.0	30.0	29.5	30.5
平均黏度/s	30.5				29.1				30.0			

由表 5-10 可以看出,微生物辅助矿井水改性后黏度下降 1.64%,相比纯矿井水制作的浆液流动性略差,但比超纯水的流动性稍好,浆液可注性更好,扩散范围更大。

（4）结果分析

前已述及矿井水对黏土浆液黏土有改性作用,但微生物固化作用会弱化这一改性作用。可以通过控制微生物的生长周期来实现有效控制浆液扩散性。为了准确控制这一过程,对菌液＋胶结液的脲酶活性进行测定,相关机理和过程如下:

巨大芽孢杆菌通过其新陈代谢过程产生脲酶,该酶能够水解尿素,生成氨和二氧化碳。这个过程会导致菌液的电导率增加。研究表明,菌液的电导率变化量与尿素水解量呈正比关系。因此,可以利用单位时间内电导率的变化量来间接评估脲酶的活性。通过测量电导率的变化,可以推断巨大芽孢杆菌中脲酶的活性。这种方法为评估脲酶活性提供了一种简便而有效的间接指标。

根据电导率法测算巨大芽孢杆菌的脲酶活性的优势在于其操作简便且精确度高。该试

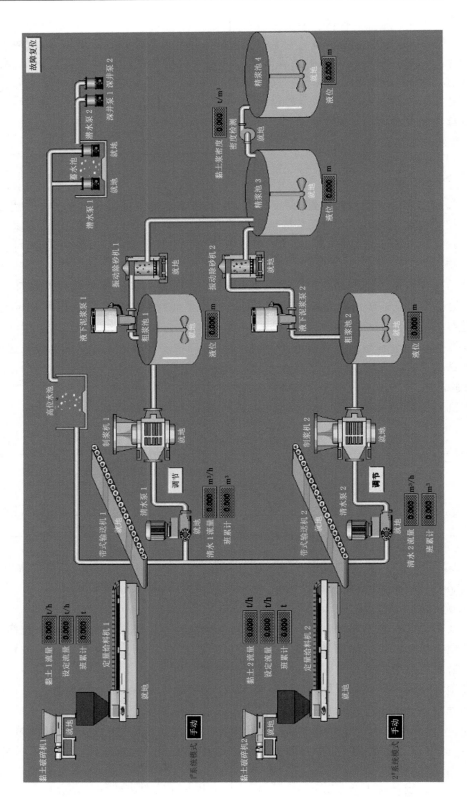

图 5-13 井上下连续注浆系统（地面部分）

验可以分为以下三个步骤:在试验开始前,配制浓度为 1.1 mol/L 的尿素溶液。这可以通过溶解适量的尿素粉末在适量的溶剂中来完成,确保尿素溶液的浓度准确。接下来的步骤包括混合待测菌液和连续测试电导率变化,如表 5-11 所示。

表 5-11　接种后菌液酶活性变化

测试时间 (接种后)	电导率			
	初始值 /(μS/cm)	结束值 /(μS/cm)	变化量 /(μS/cm)	变化平均值 /[μS/(cm·min)]
24 h	2 383.1	2 394.9	11.8	2.36
48 h	2 293.8	2 350.0	56.2	11.24
72 h	2 835.0	2 891.0	56	11.2
96 h	2 673.4	2 723.2	49.8	9.96
120 h	2 536.5	2 566.0	29.5	5.9
144 h	2 579.4	2 596.0	16.6	3.32
168 h	2 539.6	2 551.8	12.2	2.44

绘制以培养时间为横坐标,以脲酶活性为纵坐标的菌液脲酶活性曲线,如图 5-14 所示。可以观察到:在培养 2 d 后,微生物繁殖速度较快,相应的菌液脲酶活性迅速增大。在接种 48 h 后,由于细菌数量达到峰值,脲酶活性趋于稳定;之后随着细菌死亡速度大于繁殖速度,活菌数量减少,菌液脲酶活性逐渐降低。

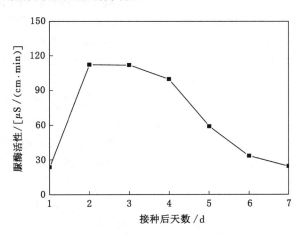

图 5-14　脲酶活性曲线

结合巨大芽孢杆菌的脲酶活性曲线,可以确定注浆入微生物辅助材料的时机为成浆注入之前 1 d 以内,这样可以保证浆液扩散的范围的同时有效提高浆液防治水性能。

5.1.3.4　膨胀界限抗渗强度

基于岩体全应力-应变渗透率关系,进行了应力渗透率耦合研究,得出了应力-渗透率关联性的一般曲线(见图 5-15):

$$k = k_0 + \frac{\mathrm{d}k}{\mathrm{d}\sigma(\sigma - \sigma_0)} \tag{5-3}$$

式中，σ 表示 $\sigma_1 - \sigma_3$（σ_1 和 σ_3 分别是最大和最小应力），k_0 和 σ_0 的意义如图 5-15 所示。基于渗透率曲线斜率变化显著的一点，有学者提出了临界渗透率和临界抗渗强度的概念。当渗透率超过临界渗透率时，渗透率的变化会加快。段宏飞[55]在研究中，通过对大量伺服渗透试验数据的对比分析发现，将临界抗渗强度作为岩层强度的评价标准用于底板突水评价时，结果偏于保守。

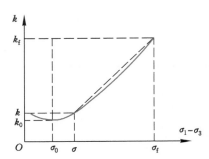

图 5-15　应力-渗透率曲线的一般模式

原因在于，当岩体达到临界渗透率时，对应的应变为岩体 AB 线（弹性变形阶段）的终点 B 对应的应变。在岩体全应力-应变曲线的 BC 稳定破裂阶段，岩体仍保持稳定，渗透率相对较低，具有很强的阻水能力。当岩体进入 CD 非稳定破裂阶段，以及岩体体应变膨胀界限点，岩体破裂变形将加速，渗透率值也将显著变化。基于此，提出了膨胀界限抗渗强度的概念。膨胀界限抗渗强度是指岩石体积应变的转折点（即体积膨胀界限）所对应的岩石强度 σ_c。此时对应的渗透率即为膨胀界限渗透率 k_c。与最大渗透率相比，膨胀界限渗透率 k_c 较小，此时岩石仍具有较强的阻水能力。

（1）黄土改性前后膨胀界限抗压强度对比测试

在本研究中，我们使用了南京土壤仪器厂有限公司生产的低压三轴伺服仪（如图 5-16 所示）。我们的试验方案包括制作两种具有最佳含水率的对比土样，即正常土样和 MICP 固化土样。在试验过程中，我们对土体施加围压，使其原始深度的正常应力状态保持不变。然后，对这两种土样进行了应力-应变-渗透性测试。测试结果如图 5-17 和图 5-18 所示。

（2）测试结果分析

通过对比图 5-17 和图 5-18，可以计算出黄土改性前后的 σ_c 提高了 26.8%。在同一水压条件下，为了保持岩层总的抗水压能力不变，需要在未注浆条件下保持岩层的抗压能力不变。根据有效应力原理，注浆后的抗水压能力增量即为黄土的抗水压能力。因此，若使用新型改性黄土注浆，其注浆改造后的抗水压增加量应与未改性黄土注浆改造的抗水压增加量相等，即

$$h_1 \cdot \alpha_1 \cdot \sigma_{c1} = h_2 \cdot \alpha_2 \cdot \sigma_{c2} \tag{5-4}$$

式中，h_1 为常规黄土注浆厚度，m；α_1 为常规黄土平均阻水强度换算系数，1/m；σ_{c1} 为常规黄土的膨胀界限抗渗强度，MPa；h_2 为改性黄土注浆厚度，m；α_2 为改性黄土平均阻水强度换算系数，1/m；σ_{c2} 为改性黄土的膨胀界限抗渗强度，MPa。

图 5-16　低压三轴伺服仪

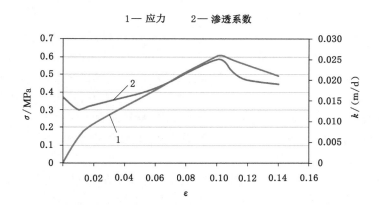

图 5-17　常规黄土注浆材料应力-应变-渗透性曲线

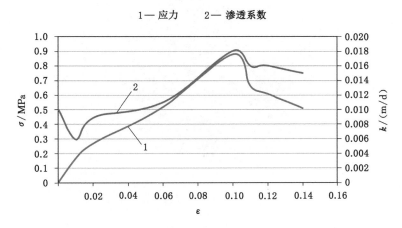

图 5-18　MICP 改性黄土注浆材料应力-应变-渗透性曲线

因此,在换算系数不变的情况下,改性后的黄土是改性前黄土注浆厚度的 0.79 倍即可满足注浆改造需要。在实际工程应用中,应根据具体的地质条件、工程需求和注浆效果来调整注浆厚度,以确保注浆改造的安全性和有效性。同时,需要密切关注注浆过程中的不均一性和不确定性,以降低工程风险。

5.2 MICP 辅助固化在防治水工程上的应用

5.2.1 工程概况

5.2.1.1 澄合矿区带压开采条件

(1)底板隔水层厚度

根据收集到的澄合矿区多个矿井的钻孔资料,5#煤层底部至奥灰层之间的隔水层厚度呈现出从西向东逐渐增厚的特点。在西区,隔水层厚度通常在 20～50 m 之间,大部分情况下为 20～35 m;而在东区,隔水层厚度的范围为 25～70 m,大部分情况下为 30～55 m。

(2)底板岩性组合

地层中的不同岩性和岩层组合对隔水性能有影响。一般来说,泥岩、砂质泥岩和粉砂岩等岩性的岩层具有较强的隔水性能。然而,在岩层组合中,软硬相间的组合隔水性能通常较好,特别是在隔水层顶部和底部同时发育软性岩体时,隔水层的隔水性能优于其他组合岩层。这主要是因为软性岩体在变形过程中具有较大的承受能力,回采过程中难以失稳,裂隙难以形成;而硬性岩体承受压力大,但容易破碎,裂隙容易发育。澄合矿区 5#煤层至奥灰层间的隔水层基本属于软硬岩相间发育,通过对底板具体组合特征和不同岩性比占情况的分析,可以了解隔水层的隔水性能。

通过收集并统计 445 个钻孔资料发现,5#煤层底板至奥灰层间的岩层主要由泥岩(包括泥砂岩、砂质泥岩等)、砂岩(包括细、中、粗砂岩)和灰岩组成。各岩性的比例分布如图 5-19 所示。

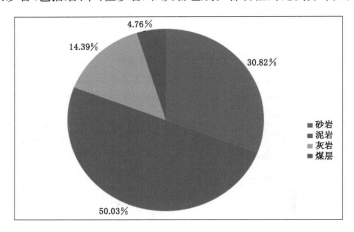

图 5-19 澄合矿区底板岩性占比示意图

根据统计数据,5#煤层底板至奥灰含水层间岩层平均厚度为 33.78 m。其中,泥岩平均厚度为 16.03 m;砂岩平均厚度为 10.95 m;灰岩平均厚度为 5.11 m;其他为煤层,平均厚度为 1.69 m。

根据矿区的统计数据,底板隔水层中的泥岩主要分布在煤层底板和太原组底部(以铝土质泥岩为主),而 K₃ 砂岩和 K₂ 灰岩主要分布在隔水层中部。泥岩在隔水层中占较大比重,并在奥灰顶界上形成了一个稳定发育的铝土岩层,具有较好的隔水性能。

（3）承受的静水压力

根据多座奥灰含水层长观孔的观测数据,澄合矿区奥灰水位稳定在 +370 m 左右。通过分析矿区内各矿井的钻孔统计数据,我们得出了各区域所承受的压力值。结果显示,澄合矿区大部分区域的承压值低于 3.0 MPa,仅在矿区西北角和山阳矿东北角的部分区域超过 3.0 MPa。承压值从南到北逐渐增大。在西区开采区域内,董东矿的承压值最大,从南部的 0.4 MPa 逐渐增加到北部的 1.4 MPa。其他矿井的承压值大多在 1.2 MPa 以下(不包括扩大区),扩大区的承压值为 1.2～2.0 MPa。东区的王村矿承压值最小,仅为 0.6 MPa 以下；山阳煤矿的承压值变化范围最大,为 0.6～4.0 MPa,且承压值最高,东北角达到 4.0 MPa。西卓子矿承压值高于安阳煤矿和百良煤矿。

（4）突水系数分析

根据《煤矿防治水细则》,突水系数可通过以下公式计算：$T = P/M$。其中,T 表示突水系数(MPa/m),P 表示底板隔水层承受的水头压力(MPa),M 表示底板隔水层厚度(m)。

根据承压数据与隔水层厚度,计算得出澄合矿区突水系数。结果显示,澄合西区突水系数呈现由南向北逐渐增长的趋势。随着深度的增加,承压增大,而隔水层厚度减小,导致突水系数上升,隔水性能下降。在澄合二矿扩大区、董家河煤矿扩大区和董东煤矿北部区域,突水系数均超过 0.06 MPa/m。因此,在生产过程中,这些区域可能无法有效阻止奥灰含水层的承压水,存在奥灰突水风险,需要加强勘探与防治工作。

根据东区的承压情况和隔水层厚度数据,突水系数较大的区域主要在山阳井田北部。这些区域的隔水层可能无法有效阻挡奥灰含水层的承压水,从而增加了奥灰突水的风险。在山阳矿东北部,突水系数甚至超过 0.1 MPa/m,突水威胁较为严重。对于西卓子煤矿存在的部分突水威胁区,虽然面积较小,但仍需加强防范。总的来说,东区隔水层隔水性能较弱的区域主要在山阳煤矿,它也是突水威胁最严重的矿井。

5.2.1.2　澄合矿区采用矿井水配制浆液的采煤工作面概况

董家河煤矿的地质构造相对简单,但水文地质条件复杂。22508 工作面的 5 号煤层底板最低处标高已达到 +273 m 左右,奥灰水水压约为 1.0 MPa。5 号煤层下距奥灰顶界面一般为 30～40 m。工作面内构造相对简单,主要表现为小褶曲构造,小向斜与小背斜转折处可能出现小断层或裂隙构造。在巷道掘进过程中,发现数条落差小于 4 m 的断层,破碎带较窄。底板泥岩、砂岩互层具有一定的阻水性,但由于小断层、裂隙以及工作面回采时对底板的破坏,煤层底板有效隔水层变薄,奥灰水可能向上导升并引发底板突水。因此,矿区开展了以下底板注浆工程以预防奥灰突水,具体作业如下。

（1）以物探探查工作面底板富水异常区,采用矿井直流电法,对 5 号煤层底板电阻率异常区域进行探测并圈出其范围(图 5-20～图 5-23)。

（2）在大量开采工程实践及钻探验证的基础上,对煤层底板开采破坏深度进行分析；结合电法异常区域,确定注浆目的层位,为注浆工程提供可靠参考。

（3）结合注浆材料的性能,进行注浆材料配比试验,确定合适的浆液配比参数,为注浆做准备。井上的制浆装备如图 5-24、图 5-25 所示,并采用管路输送到各注浆钻孔。

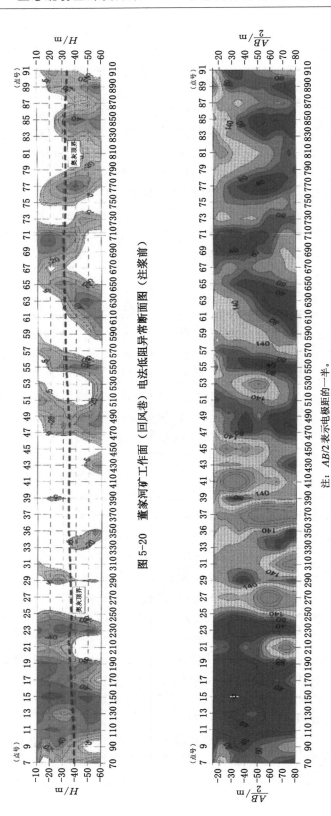

图 5-20　董家河矿工作面（回风巷）电法低低阻异常断面图（注浆前）

图 5-21　董家河矿工作面（回风巷）电法视电阻率等值线断面图（注浆前）

注：AB/2 表示电极距的一半。

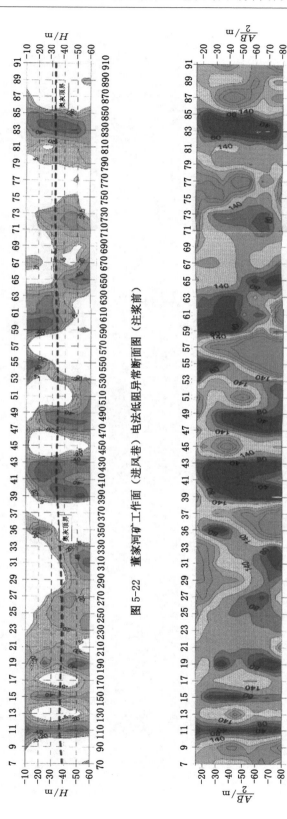

图 5-22　董家河矿工作面（进风巷）电法低阻异常断面图（注浆前）

图 5-23　董家河矿工作面（进风巷）电法视电阻率等值线断面图（注浆前）

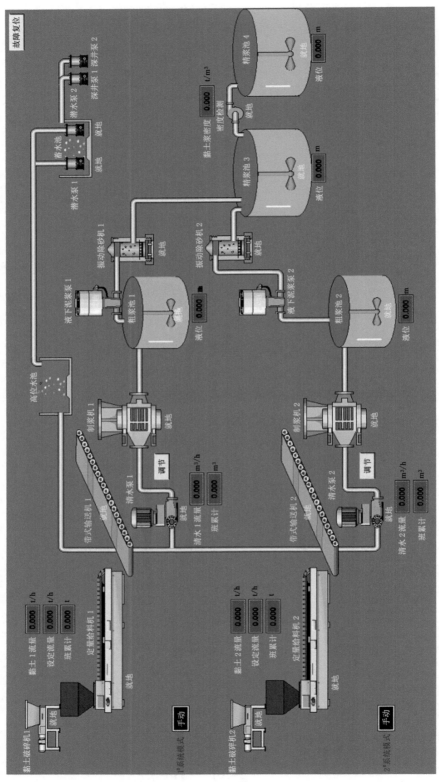

图 5-24　黄土制浆系统示意图

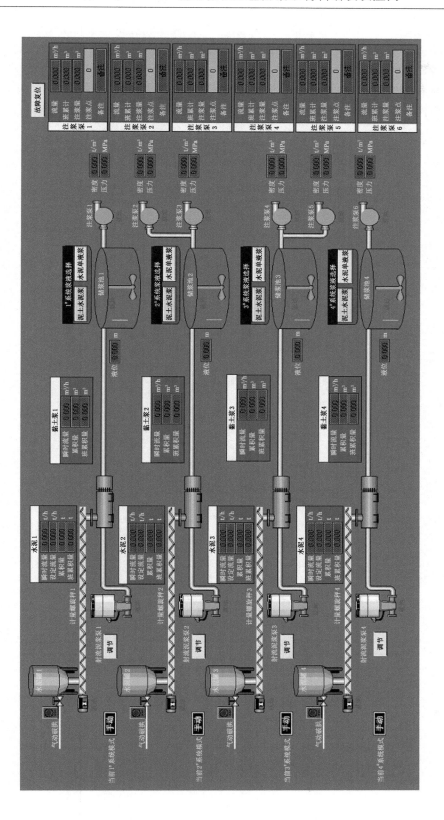

图 5-25　水泥制浆系统示意图

（4）根据浆液扩散半径和煤层底板注浆工艺，确定注浆钻孔的布置原则，在物探、工程实践及钻探验证的基础上设计施工注浆钻场，并设计统一的钻孔注浆参数。

（5）董家河矿工作面共设钻场 24 个（图 5-26），施工钻孔 82 个（包括补孔），钻场钻孔及简易水文观测参数见表 5-12，完成注浆量 52 378 m³，注浆加固的目的层为煤层底板下 10 m 至 K2 段底板下 2 m 的含导水构造。

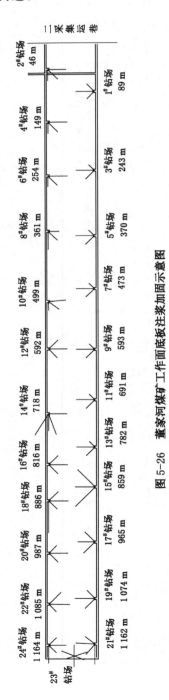

图 5-26　董家河煤矿工作面底板注浆加固示意图

表 5-12　董家河煤矿 22508 工作面钻场钻孔参数表

钻场号	方位角,倾角/(°)	斜长/m	涌水量/m³	水压/MPa	注浆量/m³	垂深/m
23# 钻场	30,20	34.56	5	0.1	167.21	21.00
	90,30	31.33	5	0.1	145.35	21.68
	150,20	40.11	5	0.1	111.64	21.97
	210,30	29.30	10	0.1	223.54	26.40
	270,20	36.11	1	0.1	296.63	20.48
	315,25	38.84	5	0.1	300.54	26.77
21# 钻场	270,30	42.08	5	0.14	189.05	21.04
	305,38	34.36	5	0.38	150.38	21.15
	2,30	42.12	5	0.38	495.89	21.06
	40,45	34.32	0	0	96.12	24.27
19# 钻场	315,38	34.32	10	0.1	512.46	21.13
	0,30	44.22	1	0.1	344.85	22.11
	45,45	31.2	10	0.1	389.64	22.06
17# 钻场	315,36	37.44	1	0.1		22.01
	0,30	40.56	5	0.1		20.28
	45,40	35.88	1	0.1		23.06
15# 钻场	270,20	62.5	3	0.1	182.81	21.38
	315,20	56.46	10	0.1	185.45	19.31
	0,30	42.98	20	0.2	201.8	21.49
	45,23	50.78	22	0.2	1 047.6	19.84
	90,20	52.34	25	0.2	2 266.05	17.9
13# 钻场	315,40	32.76	23	0.2	2 076.87	21.06
	0,30	41.56	30	0.3	2 764.88	20.78
	45,40	31.2	18	0.2	202.96	20.05
11# 钻场	315,40	32.74	23	0.2		21.04
	0,30	40	30	0.3		20
	45,45	28.08	22	0.1		19.86
9# 钻场	315,40	31.2	25	0.2		20.05
	0,30	42.68	20	0.2		21.34
	45,40	31.2	20	0.2		20.05

表 5-12(续)

钻场号	方位角,倾角/(°)	斜长/m	涌水量/m³	水压/MPa	注浆量/m³	垂深/m
7#钻场	315,40	31.2	35	0.2		20.05
	0,30	41.68	28	0.2		20.84
	45,42	29.64	28	0.2		19.83
5#钻场	315,41	30.2	26	0.2		19.81
	0,30	42.12	28	0.22		21.04
	45,40	31.2	24	0.2		20.05
3#钻场	315,45	33.26	18	0.28		23.52
	0,30	41.56	30	0.4		20.78
	45,60	29.08	5	0.1		25.18
1#钻场	315,45	27.18	30	0.3		19.22
	0,30	40.9	16	0.3		20.45
	45,45	27.18	30	0.3		19.22
2#钻场	270,45	30.74	3	0.1		21.74
	225,40	33.62	40	0.22		21.6
	180,30	42.2	30	0.2		21.1
4#钻场	270,45	30.74	0	0		21.74
	225,40	35.74	0	0		22.97
	180,30	43.92	1	0		21.96
6#钻场	270,45	28.62	1	0		20.24
	225,40	32.56	1	0		20.93
	180,30	43.72	1	0		21.86
8#钻场	180,45	29	1	0	133	20.51
	225,40	31.94	5	0.1	362.17	20.53
	270,30	40.58	30	0.36	592.5	20.29
10#钻场	260,45	29.64	1	0.1	42.98	20.96
	215,40	32.56	24	0.2	1 722.23	20.93
	170,30	40.4	24	0.2	1 030.16	20.2
12#钻场	225,40	32.06	20	0.2	663.64	20.61
	180,30	41.42	25	0.2	2 702.09	20.71
	135,40	32.06	10	0.1	159.91	20.61
14#钻场	300,23	51.34	1	0	191.54	20.06
	277,30	36.74	15	0.3	1 724.85	18.37
	275,26	35.88	3	0.3	61.88	15.73
	249,25	47.1	30	0.4	898.57	19.9
	180,30	41.4	16	0.4	848.35	20.7

表 5-12（续）

钻场号	方位角,倾角/(°)	斜长/m	涌水量/m³	水压/MPa	注浆量/m³	垂深/m
16#钻场	225,41	33.3	2	0.1	321.78	21.85
	180,30	40.56	15	0.3	566.5	20.28
	135,42	32.76	5	0.1	431.03	21.92
18#钻场	225,40	32.76	30	0.23	517.1	21.06
	180,30	41.42	28	0.2	1 892.1	20.71
	135,40	32.26	30	0.22	38.85	20.74
	270,18	20.36	841.15	0.2	28	65.88
20#钻场	225,40	32.8	35	0.28		21.08
	180,30	41.5	33	0.32		20.75
	135,45	29.8	32	0.3	677.44	21.07
22#钻场	227,45	29	2	0.1	223.32	20.51
	182,30	40.56	1.5	0.1	227.16	20.28
	138,40	33.76	2	0.1	224.43	21.7
24#钻场	270,30	40.2	10	0.28	597.35	20.1
	225,45	29.5	8	0.22	543.96	20.86
	135,45	28.5	6	0.28	270.37	20.15

5.2.1.3　澄合矿区微生物辅助注浆工作面概况

（1）工作面充水条件

董东煤矿 50107 工作面为解决产能低的问题,采用无煤柱切顶沿空留巷技术进行试采,其位于 DD2 号簸箕向斜构造区。该工作面总体呈现北高南低、西高东低的特点,煤层倾向变化较大,倾角在 3°～6°之间。50107 工作面的倾斜长度为 130 m,走向长度为 223.8 m;50109 工作面的倾斜长度为 130 m,走向长度为 352.4 m,如图 5-27 所示。

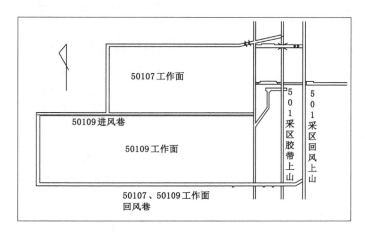

图 5-27　50107、50109 工作面布置示意图

工作面开采的 5 号煤层煤为黑色、末状、暗淡型,煤层厚 1.3~4.0 m,平均厚 2.8 m,进风顺槽揭露,停采线西 55~77 m(22 m)煤厚变化较大,厚 1.3~2.0 m。煤层含夹矸 1~2 层,下矸较稳定,厚 0.2~0.4 m,夹矸多为碳质泥岩。在 5 号煤层与 K4 之间,有一层 4 号煤,厚 0.1~0.3 m,4 号煤层不稳定,局部缺失。煤的工业分类为贫瘦煤。

5 号煤层的直接顶为砂质泥岩,颜色深灰,不稳定且厚度变化较大。部分地区可能转化为碳质泥岩伪顶,厚度在 0.6~2.5 m 之间。基本顶为褐灰色粉砂岩,厚度在 4.7~7.7 m 之间。基本顶与直接顶之间夹有一层 4 号煤,厚度在 0.1~0.3 m 之间。直接顶和 4 号煤层不稳定,在某些地段可能缺失或转化为碳质泥岩伪顶或与 5 号煤合并。5 号煤层的底板为石英砂岩,颜色深灰,细粒状,致密且坚硬。底板中夹有较多深灰色粉砂岩条带和薄层,近水平层理。底板内含有较多植物根茎化石和黄铁矿结核,厚度在 0.3~0.6 m 之间。

工作面充水因素主要包括上覆 K_4、K_*、K 中砂岩裂隙水和孔隙水,以及下伏 K_2 灰岩和奥灰岩溶水。K_* 砂岩含水层距 5 号煤层 13~17 m,K 中砂岩含水层距 5 号煤层 36~46 m,富水性弱至中等。K_2 灰岩含水层上距 5 号煤层 14~18 m,奥灰岩含水层上距 5 号煤层 26~39 m,铝土泥岩厚度在 8.2~12.6 m 之间。

该工作面 5 号煤层底板标高为 +300~+332 m,属承压开采。奥灰岩溶含水层突水系数为 0.010~0.027 MPa/m,突水系数小于临界值 0.06 MPa/m。尽管底板经过注浆加固,但在构造带或底板破碎带仍需加强水文观察,预防 K_2 灰岩和奥灰岩溶水的突水。

工作面断裂构造较为发育,加之 5 号煤层顶板破碎,回采过程中顶板水易沿顶板破碎带进入工作面,并汇聚到工作面,给回采带来一定影响。由于是承压开采,需完善排水设施,安装和备设满足需要的排水设施。

(2)工作面注浆概况

矿井水文和构造地质条件具有复杂性和多样性,煤层底板与承压含水层之间的隔水层阻水性能通常不理想。隔水层可能包含含水岩层,容易与下伏高压含水层产生水力联系,导致底板隔水层中有效隔水层段变薄,无法满足承压开采理论中突水系数所规定的安全厚度。为提高隔水层的阻水性能和有效隔水层厚度,采用注浆改造技术对煤层底板隔水层及 K_2 段含水层进行全面注浆改造,以确保工作面的安全开采。

根据 5 号煤层工作面底板岩层结构和奥灰水特性,结合工作面形成过程中所掌握的地质、水文地质条件,决定在掘进期间平行施工勘探钻场,进行钻孔施工和注浆加固改造底板工作。通过注浆充填底板岩层裂隙,将含水层变为有效隔水层或提高隔水层的隔水性能,从而实现工作面的安全带压开采。

① 钻场布置

a. 位置:钻场布置在工作面顺槽,可根据实际情况进行调整。

b. 钻场规格:长×宽×高=4 m×4 m×3.5 m。钻机型号变化时及场地环境受限时,根据具体情况确定。

c. 钻场布置及编号:由巷道口开始布置钻场(进风巷分别为 1#、3#、5#、7# 等钻场,回风巷分别为 2#、4#、6#、8# 等钻场),如表 5-13 所示,布置如图 5-28 所示。

表 5-13　工作面井下注浆钻孔布置参数

巷道名称	钻场编号	钻孔编号	方位角/(°)	倾角/(°)	设计孔深/m	开孔点与孔点垂距/m	终孔点与5#煤层底板垂距/m
50107、50109工作面进风巷	1	1-1	131	20	47	16	20
		1-2	212	23	45	18	20
	3	3-1	141	20	46	16	20
		3-2	218	22	46.7	18	20
	5	5-1	306	21	59	22	20
		5-2	270	29	40	20	20
		5-3	234	20	58	20	20
	7	7-1	54	19	61	20	20
		7-2	90	18	58	18	20
		7-3	126	15	61	16	20
	9	9-1	44	29	44.7	22	20
		9-2	318	28	49	23	20
	11	11-1	132	18	49.7	16	20
		11-2	229	25	44	19	20
	13	13-1	132	17	55.5	16	20
		13-2	202	25	42	18	20
50107、50109工作面回风巷	2	2-1	47	30	45	23	20
		2-2	342	23	52.3	21	20
	4	4-1	40	30	45	23	20
		4-2	323	30	44	22	20
	6	6-1	40	30	46	23	20
		6-2	332	33	42	23	20
	8	8-1	46	29	45	22	20
		8-2	336	35	41	24	20

② 钻孔布置

在巷道内进行布设钻孔,注浆终孔层深度为 5 号煤层底板下垂深 20 m 处。钻孔编号采用两组阿拉伯自然数编号,前一组数为钻场编号,后一组数为钻孔编号,中间以连字符相连,例如 1-1 表示 1 号钻场 1 号钻孔。

根据设计要求,所有钻孔在指定位置进行施工,确保岩芯采集率不低于 60%。在钻孔过程中,分别在不同深度安装一级(ϕ108 mm)和二级(ϕ89 mm)止水装置。固管材料为水

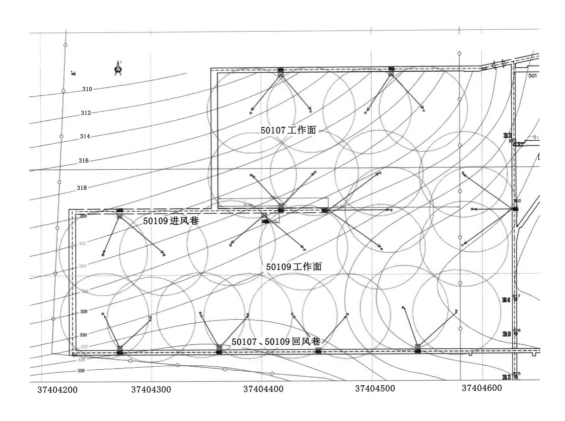

图 5-28 工作面底板探水注浆加固工程平面示意图

泥和水,比例为 1:0.8,现场搅拌后通过泵压送入钻孔,利用管外壁溢流法进行固管。固管材料凝固后,进行透孔和打压试验,确保试验时间稳定且恒压达到 4.5 MPa。同时,安装 ϕ125 mm 耐 5 MPa 的高压阀门,确保在突水时能有效止水和注浆止浆。

5.2.2 物探及涌水情况监测

(1)在完成注浆工作后,对董家河矿工作面进行了二次电法测试,以评估注浆效果。同时,通过对注浆前后岩石钻孔的采样分析,验证了注浆堵水效果。如图 5-29～图 5-32 所示,对比结果显示,注浆效果显著。

(2)为了评估董东煤矿 50107 和 50109 工作面注浆效果的有效性,矿井采用直流电法对注浆前后煤层底板的物理响应特征进行了分析。井下检查结果显示,研究区域内的钻孔在注浆前、后均无出水或水量极小,各钻孔涌出水量在 0～0.6 m³/h 之间,符合工作面底板探水注浆工程设计提出的注浆质量检查单孔出水量小于 1 m³/h 的要求。此外,对注浆区域进行了注浆前、后岩石钻孔采样和电法物探检验,对比测试结果显示注浆堵水效果良好。验证结果表明,该工作面堵水改造注浆工程完全满足设计要求。最后,所有注浆钻孔在注浆完成后进行了封孔工作。从整个采动过程来看,煤层底板无出水情况,注浆效果显著。

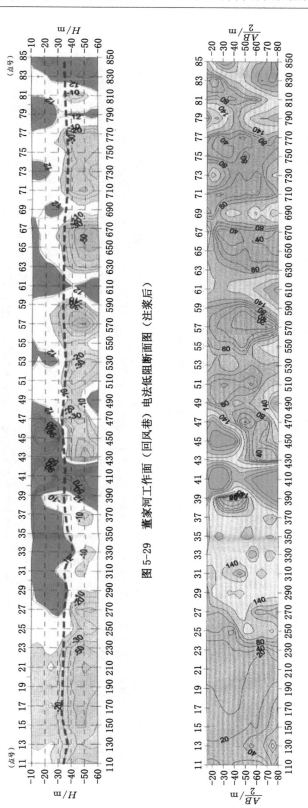

图 5-29　董家河工作面（回风巷）电法低阻断面图（注浆后）

图 5-30　董家河工作面（回风巷）电法视电阻率等值线断面图（注浆后）

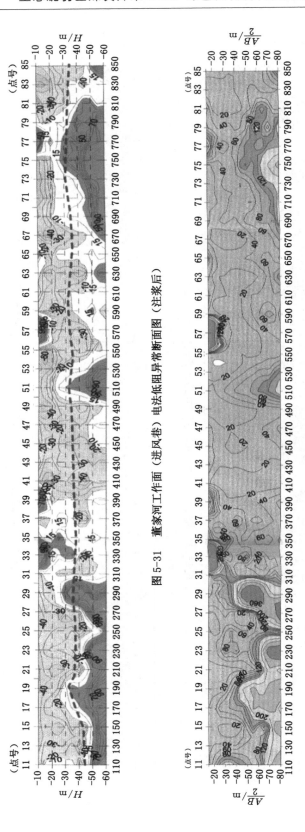

图 5-31　董家河工作面（进风巷）电法低阻异常断面图（注浆后）

图 5-32　董家河工作面（进风巷）电法视电阻率等值线断面图（注浆后）

5.3　小结

（1）矿井水中富含钙离子可改性防治水材料，浓缩到原体积 30％的高钙矿井水配置的黏性土浆液黏度下降 4.51％，即流动性更好，浆液可注性更好，扩散范围更大。制成的土样无侧限抗压强度提高了 25.14％，渗透系数下降 26.44％～62.43％。

（2）微生物联合矿井水改性黏性土浆液各类指标进一步优化，其中黏度相比空白样品改性后下降 1.64％，无侧限抗压强度提高了 90.12％，渗透系数下降 83.16％～89.56％。根据微生物的生长曲线，微生物辅助固化材料应在微生物与胶结材料接触 1 d 内输送到地层，并充分养护 7 d 后进行带压开采，结合膨胀界限抗压强度，计算得到 MICP 辅助下总的注浆厚度可以降低 21％。

（3）利用矿井水提取的钙源促进了微生物诱导方解石结晶，可以实现地层的有效加固，注浆前后的电阻率明显提升，涌水量得到有效控制。

第 6 章　MICP 修复采煤浅表裂土及应用

6.1　面向 MICP 的采煤浅表裂隙土特征

为了充分模拟现场情况,我们进行了大量的采煤地裂缝研究,选择了陕北榆神矿区作为研究靶区。研究区的地貌包括风沙滩地貌、黄土梁峁地貌和河谷地貌,分别对这 3 类地貌的采煤地裂缝进行了研究,主要包括几何特征和充填特征。在室内试验中,为合理简化模型,不考虑地形等影响因素,选择地形平坦处进行统计。地裂缝可分为工作面边界地裂缝和内部平行裂缝两类,其中边界裂缝占比 14.3%～26.3%,平行裂缝占比 73.7%～85.7%。在采煤工作面推进过程及停采一段时间内,研究了采煤地裂缝的几何特征和充填特征。

6.1.1　采煤浅表裂隙几何特征

针对 MICP 试验样品的构建要素,本研究主要关注采煤地裂缝的深度和宽度这两大地裂缝几何特征,而裂缝长度、间距和落差等其他要素不在本次研究的范围内。

6.1.1.1　深度

(1)平行地裂缝(平行于开切眼)

本研究对 4 组平行地裂缝进行了野外观测,分别位于风沙滩地貌开采的 2⁻² 号煤层、黄土梁峁地貌开采的 2⁻² 号煤层、黄土梁峁地貌开采的 1⁻² 号煤层以及黄土梁峁中河谷地貌开采的 1⁻² 号煤层。通过野外地质测量(时间 0 点为超前裂缝 20 m 距离处时间点,2 d 大约推进到超前裂缝 10 m 距离处,4 d 大约推进到裂缝处),平行地裂缝的深度变化如图 6-1 所示(第 1～4 组)。结果表明:在相同煤层采厚条件下,稳定时黄土地貌平行裂缝发育深度是风积沙地貌条件下的 1.93 倍,河谷地貌平行裂缝发育深度是黄土地貌条件下的 1.50 倍。

(2)边界裂缝(平行于顺槽)

针对边界地裂缝试验样品,进行了野外观测,包括第 5～8 组。这几组的观测环境与平行裂缝的相同。通过野外地质测量(时间 0 点为超前裂缝 20 m 距离处时间点,2 d 大约推进到超前裂缝 10 m 距离处,4 d 大约推进到裂缝处),得到了边界地裂缝的深度变化,如图 6-1 所示(第 5～8 组)。研究表明:在相同的煤层采厚条件下,稳定时黄土地貌边界裂缝发育深度是风积沙地貌条件下的 2.06 倍,而河谷地貌边界裂缝发育深度是黄土地貌条件下的 0.61 倍。

(3)深度发育规律

从图 6-1 中可以观察到:在相同条件下,边界裂缝发育深度大于平行裂缝发育深度。开

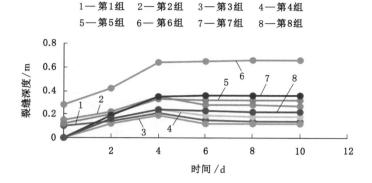

1—第1组 2—第2组 3—第3组 4—第4组
5—第5组 6—第6组 7—第7组 8—第8组

图 6-1　地裂缝深度动态变化图

采较厚的 2^{-2} 煤地裂缝的超前距离超过 20 m,而开采 1^{-2} 煤地裂缝的超前距离约为 10 m。在多种地貌条件下,总体上黄土地貌裂缝深度大于风沙滩地貌裂缝深度,这符合摩尔-库仑准则的土体临空面极限发育深度[根据公式(6-1),可以计算出萨拉乌苏组地裂缝极限深度为 2.1 m,黄土地裂缝极限深度为 14.3 m]。特别是在边界裂缝超过极限发育深度时,会发生垮落并消失(图 6-2 所示为研究区风积沙层和土层临空面极限状态)。

$$h_j = \frac{2c \tan\left(\dfrac{\pi}{4} + \dfrac{\varphi}{2}\right)}{\gamma} \tag{6-1}$$

式中,h_j 为地层地裂缝的极限深度,m;c 为地层的内聚力,MPa;φ 为地层的内摩擦角,(°);γ 为地层的重力密度,kN/m³。

图 6-2　研究区典型地貌地层极限临空面状态

6.1.1.2　宽度

从图 6-3 中可以看出,地裂缝的宽度与裂缝深度在采矿发育阶段呈正相关关系。然而,在恢复期,这种相关性并不明显,地裂缝的深度在短时间内难以修复,而平行地裂缝的宽度则表现出短时间修复的现象,甚至在某些情况下接近消失,最大修复幅度为 83.3%(据河谷地貌下的平行地裂缝修复现象)。

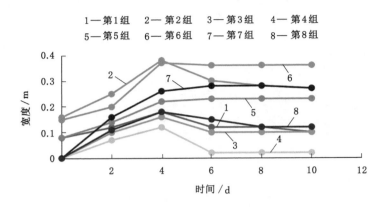

图 6-3 地裂缝宽度动态变化图

6.1.2 充填特征

对于 MICP 试验样品的要素,本研究中采煤地裂缝的充填特征主要涉及以下 3 个方面:充填物类型、充填物密度和充填物的 pH 值。

6.1.2.1 充填物类型和密度

在采煤塌陷稳定之后,对采煤工作面开采 1 a 以上的区域进行了调查。调查结果见表6-1。从表中可以看出,由于采煤造成的裂缝开度有限,平行裂缝没有明显的充填物。然而,边界裂缝由于采煤开度较大,大部分都含有充填物质。在这些充填物中,风沙滩地貌下风积沙沉积速率最快,充填程度达到100%,其次是河谷地貌(22.8%)。而黄土梁峁区的充填物较少,仅占9.4%,多数是黄土裂缝崩塌产生的。总体而言,地裂缝充填物的密度略低于天然密度。

表 6-1 研究区地裂缝充填特征

编号	地貌类型	地裂缝类型	充填物类型	平均充填程度/%	充填物密度/(g/cm³)
1	风沙滩	边界裂缝	风积沙	100	1.51
2	黄土梁峁	边界裂缝	风积沙和黄土	9.4	1.44
3	河谷	边界裂缝	风积沙和冲积物	22.8	1.46
4	风沙滩	内部裂缝	无	—	—
5	黄土梁峁	内部裂缝	无	—	—
6	河谷	内部裂缝	无	—	—

6.1.2.2 充填物 pH 值

将不同充填物和微生物固化的修复液混合,设置充填物质量比例:风积沙∶黄土为1∶0、0.5∶1、1∶1、1.5∶1、2∶1;风积沙∶冲积物为 1∶0、0.5∶1、1∶1、1.5∶1、2∶1,测定混合物的 pH 值,结果如图6-4所示,其介于7.9~10.4之间,适合微生物修复。

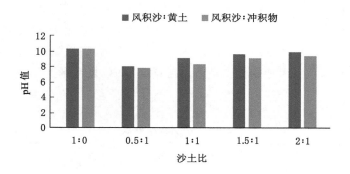

图 6-4　充填物和修复液混合物的 pH 值

6.1.3　采煤浅表裂缝应力状态特征

在煤炭开采的浅表松散层中,应力特征可以分为 4 个区域,如图 6-5(a)所示。区域 1 和 3 为应力压缩区,区域 2 和 4 为应力拉伸区。浅表地裂缝主要分布在区域 1 和 2,而区域 3 尚未出现地裂缝。区域 4 位于一定深度范围内,不属于地裂缝范畴。因此,采煤地裂缝的应力状态可分为两种:边界裂缝处于单向拉应力状态,而平行裂缝处于单向水平压应力状态。

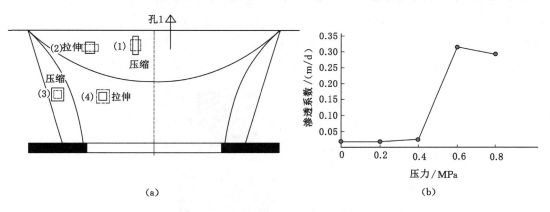

(a)　　　　　　　　　　　　　　(b)

图 6-5　浅表采煤应力状态及压水测试

为研究采煤地裂缝应力特征,对图 6-5(a)左侧的 1 区进行了压水试验,试验深度为 3~10 m,其岩性为离石组黄土。试验结果如图 6-5(b)所示,显示在自然应力与附加应力共同作用下,最大应力范围为 0.4~0.6 MPa。

6.2　室内试验研究

6.2.1　室内试验样品制作及试验方法

6.2.1.1　样品制备

根据采煤地裂缝研究结果,我们选择不同地裂缝类型(平行地裂缝和边界地裂缝)和地貌类型(风沙滩、黄土梁峁和河谷),以裂缝黄土重塑样为研究对象。样品的裂缝几何参数、充填物、应力参数如表 6-2 所示。我们根据 6.1 节的研究规律,在深度方面,平行裂缝黄土地貌取风沙滩地貌的 2 倍,河谷地貌取风沙滩地貌的 1.5 倍;边界裂缝黄土地貌取风沙滩地貌的 2 倍,河谷地貌取风沙滩地貌的 0.6 倍。在宽度方面,其与深度正相关,直接取深度的 0.5 倍。

表 6-2 裂缝土样参数

编号	地貌类型	裂缝类型	几何参数(宽×深)/cm×cm	充填物	应力参数(围压)/MPa
1	风沙滩	边界	0.8×1.6	风积沙	0
2	风沙滩	平行	0.4×0.8	风积沙	0.4
3	黄土	边界	1.6×3.2	风积沙和黄土	0
4	黄土	平行	0.8×1.6	风积沙和黄土	0.4
5	河谷	边界	1.0×2.0	风积沙和冲积物	0
6	河谷	平行	1.2×2.4	风积沙和冲积物	0.4

每类样品每个测试项目制作平行样品 3 个。样品的裂缝采用 3D 打印技术制作,然后用裂缝薄片压入土样制作裂缝土样(图 6-6),按照表 6-2 的充填参数对裂缝进行充填,最后对充填好的裂缝土样按照 1∶1 比例注入微生物菌液(巨大芽孢杆菌菌液,其 OD600 值大于 2.0)和胶结液(尿素、钙源各 0.1 mol/L),循环注入 3 次,养护 7 d 后进行相关试验。

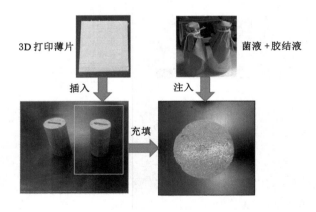

图 6-6 裂缝土样制备流程

6.2.1.2 试验方法

为了改进采煤地裂缝的修复效果,试验特别关注裂缝土体的力学和水理性能。通过提高这些性能,我们期望减少水土流失和降低地质灾害风险。为此,我们采用了两种试验方法:对于平行裂缝修复样品,我们进行了无侧限抗压强度试验和变水头渗透试验;对于边界裂缝修复样品,我们进行了三轴有侧限压缩试验和三轴渗透试验。

为了验证 MICP 修复技术对裂缝土体水土流失的减少效果,试验采用图 6-7 所示的装置。首先,搭建一个黄土斜坡(坡度为 5°),然后在斜坡上挖出两条裂缝。接下来对裂缝进行填充(以填充材料作为变量)并进行 MICP 修复(修复参数与前面所述相同,制作出的模型如图 6-7 所示)。最后,模拟研究区降雨量(10 mm/h)进行冲刷试验,并观察 1 h 内的冲刷量。

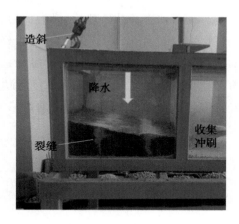

图 6-7　冲刷模型

6.2.2　MICP 固化沙土充填物室内试验结果及分析

6.2.2.1　力学试验结果及分析

（1）不同地貌特征下修复体的抗压强度

在表 6-2 中所述参数设定的基础上,选择了充填物比例进行试验。风沙滩地貌的充填物全部为风积沙,黄土梁峁地貌的充填物为风积沙和黄土(质量比为 1∶1),河谷地貌的充填物为风积沙和冲积物(质量比为 1∶1)。针对不同地貌特征,修复体的无(有)侧限抗压强度测试结果如图 6-8 所示。

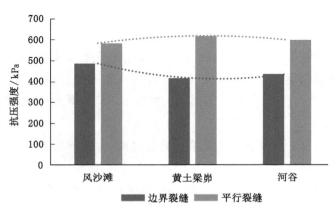

图 6-8　不同地貌特征下 MICP 修复体力学强度

根据试验结果分析,力学强度方面,平行裂缝的修复效果普遍优于边界裂缝。修复土样最低强度可达到重塑无裂缝土样强度,表明各类地貌在力学性能上均能满足修复要求。无侧限和有侧限条件下土体强度修复效果存在差异:无侧限条件下(边界裂缝)强度与修复裂缝深度负相关,表现为压致拉破坏时,应力集中效应大于修复效应;而有侧限条件下(平行裂缝)强度与修复裂缝深度正相关,表现为压致剪破坏时,修复效应大于应力集中效应。

依据充填修复体和土体的界面剪切有效系数理论,界面剪切有效系数包括内聚力有效系数和摩擦有效系数两类,计算公式如式(6-2)和式(6-3)所示。经测试,充填物 MICP 加固体的内聚力和内摩擦角与黄土体的内聚力和内摩擦角之比均大于 1.0(如表 6-3 所示),说明在本次修复方法条件下修复效应大于应力集中效应。然而,河谷地貌特征下接近临界值,原位修复时(原状土局部参数较高)可能存在另一种情况,需要对修复体进行多次加固以进一步提升抗剪强度。

$$E_c = \frac{c_1}{c_2} \qquad (6\text{-}2)$$

$$E = \frac{\tan \delta}{\tan \varphi} \qquad (6\text{-}3)$$

式中,E_c 和 E 分别是界面内聚力有效系数和摩擦有效系数;c_1 和 c_2 分别是 MICP 加固的充填体和重塑土体的内聚力,kPa;δ 和 φ 分别是 MICP 加固的充填体和重塑土体的内摩擦角,(°)。

表 6-3　填物修复体与土体界面抗剪强度参数

编号	地貌类型	界面物	内聚力/kPa	内摩擦角/(°)
1	风沙滩	MICP 胶结风积沙	84.2	34.4
2	黄土梁峁	MICP 胶结风积沙和黄土	57.4	32.1
3	河谷	MICP 胶结风积沙和冲积物	50.6	31.5
4	—	重塑黄土	18.5	24.8
5	—	原状黄土	49.5	30.9

(2) 同种地貌特征下不同充填物的抗压强度

根据先前的研究成果,黄土梁峁地貌和河谷地貌的天然充填物较少,因此在修复过程中可以选择不同的充填物比例。本研究设置了 4 种充填物比例:风积沙∶黄土(冲积物)分别为 0.5∶1、1∶1、1.5∶1、2∶1,以探讨不同地貌特征下不同充填物的无(有)侧限抗压强度测试结果,如图 6-9 所示。

试验结果显示:总体上,随着土体充填比例的提高,强度先上升后下降。这一趋势与图 6-4 所示的 pH 值趋势相似,表明在 1∶1~1.5∶1 的范围内,充填强度最高。已有研究表明,在此比例的 pH 值范围内,微生物活性较强,碳酸钙生成率较高。

6.2.2.2　水理试验结果及分析

(1) 不同地貌特征下修复体的渗透系数

采用与 4.1 节相同的试验设计,开展不同地貌特征下修复体的有(无)侧限渗透系数测试,结果如图 6-10 所示。

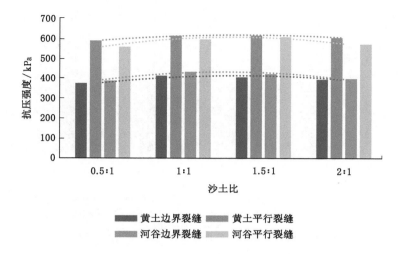

图 6-9　不同充填条件下 MICP 修复体力学强度

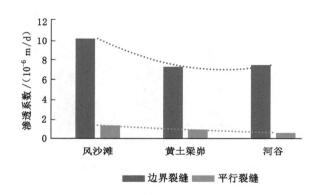

图 6-10　不同地貌特征下 MICP 修复体渗透系数

试验结果显示：由于围岩压力的影响，在渗透性能方面，平行裂缝的修复效果优于边界裂缝。修复土样的最大渗透系数接近重塑无裂缝土样的渗透系数，表明在水理特性上，各类地貌均可满足修复需求。无侧限和有侧限条件下，土体渗透系数的修复效果基本一致，即修复裂缝深度越深、范围越大，修复体的渗透系数越低。

（2）同种地貌特征下不同充填物的渗透系数

根据先前的研究成果，本次研究选取了四种不同的风积沙：黄土（冲积物）比例，分别为 0.5：1、1：1、1.5：1 和 2：1，以分析不同地貌特征下不同充填物的无（有）侧渗透系数测试结果，如图 6-11 所示。

试验结果表明，充填物的特征对修复体渗透性的影响最为显著。当沙土比为 2：1 时，渗透系数显著增大；而在沙土比为 1：1 及以下阶段，渗透系数变化相对平缓，且接近黄土的渗透系数。

6.2.2.3　冲刷试验结果及分析

在表 6-2 相关参数设定的基础上，选定充填物比例，即风沙滩地貌充填物全为风积沙，黄土梁峁地貌充填物为风积沙和黄土质量比为 1：1，河谷地貌充填物为风积沙和冲积物质

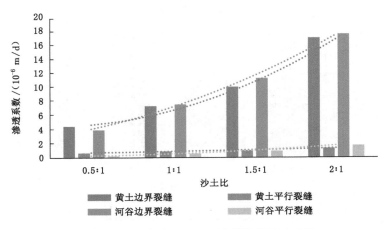

图 6-11　不同充填条件下 MICP 修复体渗透系数

量比为 1∶1。不同地貌特征下修复体的冲刷量测试结果如图 6-12 所示。

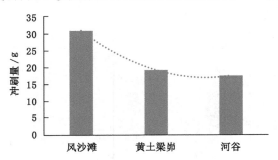

图 6-12　不同地貌特征下 MICP 修复体冲刷量

试验结果表明,地裂缝修复体斜坡的模拟降水冲刷量与地貌特征密切相关,即在相同地形条件下,风沙滩＞黄土梁峁＞河谷,其中黄土梁峁和河谷冲刷量较为接近。

依据国内外关于黏性土冲刷机理的研究结果,冲刷量是水流冲刷能力和土体抗冲刷能力相互作用的结果。由于本次试验坡度、降雨量相同,所以有相同的流量和流速,即有统一的外因。因此,本次模拟冲刷量主要与 MICP 加固土体的抗剪强度和孔隙比等内因有关。结合前述测试结果,风沙滩地貌修复体的抗剪强度和孔隙比均为最大,其中抗剪强度提升可有效抵抗冲刷,而孔隙比越大、土体越松散则越容易被冲刷。由此可见,目前影响不同地貌冲刷量的关键在于修复体的孔隙比,这与充填物选择和 MICP 修复程度密切相关。

然而,在实际条件下,外因并不相同,即黄土梁峁的地形坡度普遍较风沙滩更大(根据伯努利方程,流速将大幅度提升),而河谷地貌的流量和流速也较风沙滩地貌更大,因此可能出现实际情况下风沙滩地貌冲刷量最小的情况。

6.2.3　MICP 固化煤矸石替代黏土充填物试验研究

6.2.3.1　无侧限抗压强度试验

根据前述的土体裂隙特征,制备用于无侧限抗压强度试验的裂隙土样。试样参数为：直径 $D=39.1$ mm，高 $H=80.0$ mm，体积 $V=96$ cm³，含水率 $w=18\%$。预制裂缝长度为 20.0 mm，最大宽度为 4.0 mm，深度为 40.00 mm，呈上宽下窄、向下尖灭的裂隙形状。

在本研究中，我们进行了正交试验设计，以研究不同充填沙土比、不同煤矸石替代黏土质量比以及不同菌液浓度对固化试样无侧限抗压强度的影响。我们共设计了 9 个试样组，每组包含 3 个试样，共有 27 个试样。具体正交试验设计如表 6-4 所示。

表 6-4　无侧限抗压强度试验设计

试样组编号	试验因素		
	充填沙土比	煤矸石替代黏土质量比	菌液浓度（A_{600}）
1	2∶1	0	4.74
2	1∶1	0	4.74
3	1∶2	0	4.74
4	1∶1	30％	4.74
5	1∶1	50％	4.74
6	1∶1	70％	4.74
7	1∶1	0	1.89
8	1∶1	0	3.32
9	1∶1	0	4.74

采用 YYW-11 型电动无侧限压力仪进行试验，加载速率为 0.05 mm/min，即采用应变控制式加载试验。试验在无侧向压力的情况下施加垂直压力，当轴向应变大于 20％或轴力出现峰值后，继续试验至出现 3％～5％应变时停止试验（如图 6-13 所示）。根据《土工试验方法标准》（GB/T 50123—2019），计算最大轴向应力作为无侧限抗压强度。

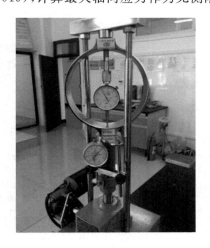

图 6-13　无侧限抗压强度试验

通过在第 4、5、6 组中分别使用不同比例的煤矸石替代黏土制成的试样进行无侧限抗压强度试验，每个组别选取 3 个试样并计算其平均值，以分析煤矸石替代黏土质量比对无侧限抗压强度的影响。试验结果如表 6-5 所示。

表 6-5 不同煤矸石替代比试样无侧限抗压强度

编组	编号	煤矸石替代黏土质量比	无侧限抗压强度/kPa	平均值/kPa
4	4-1	30%	488.31	470.74
	4-2	30%	433.97	
	4-3	30%	489.94	
5	5-1	50%	534.33	456.93
	5-2	50%	447.26	
	5-3	50%	389.20	
6	6-1	70%	428.91	405.38
	6-2	70%	400.12	
	6-3	70%	387.11	

通过表 6-5 我们可以发现，在固化处理后，随着煤矸石替代黏土质量比的增加，试样的无侧限抗压强度逐渐降低。在编组 4（替代比为 30%）中，试样的无侧限抗压强度最高。随着替代比的逐步增加，编组 5 和 6 的试样无侧限抗压强度逐渐降低。当替代比从 30% 提高到 50% 时，平均值下降了 13.81 kPa；当替代比从 50% 提高到 70% 时，平均值下降了 51.55 kPa。这表明，当煤矸石替代比超过 50% 时，试样强度的下降较为明显。

试验结果显示，煤矸石替代黏土质量比对试样固化强度具有一定影响。这主要归因于：碳质页岩煤矸石中含有大量黏土矿物，吸水易膨胀。然而，巨大芽孢杆菌固化过程需要氧气，当煤矸石含量过高时，孔隙被堵塞，使得微生物诱导碳酸钙结晶过程难以持续。因此，裂隙充填物固化效果降低。

6.2.3.2 直剪试验

本书通过对充填沙土比、煤矸石替代黏土质量比和菌液浓度这三个因素进行正交试验设计，以测试固化试样的抗剪强度。共有 9 个试样组，每组包含 4 个试样，共计 36 个试样。具体正交试验设计如表 6-6 所示。

表 6-6 直接剪切试验设计

| 试样组编号 | 试验因素 | | |
	充填沙土比	煤矸石替代黏土质量比	菌液浓度（A_{600}）
10	2∶1	0	4.74
11	1∶1	0	4.74
12	1∶2	0	4.74
13	1∶1	30	4.74

表 6-6(续)

试样组编号	试验因素		
	充填沙土比	煤矸石代替黏土质量比	菌液浓度(A_{600})
14	1∶1	50	4.74
15	1∶1	70	4.74
16	1∶1	0	1.89
17	1∶1	0	3.32
18	1∶1	0	4.74

在试验过程中,采用四联直剪仪来测量抗剪强度,根据《土工试验方法标准》(GB/T 50123—2019)进行试验操作。如图 6-14 所示,将试样以裂缝走向垂直于剪切方向的方式放入剪切盒内。每组试验包括 4 个试样,分别施加 100 kPa、200 kPa、300 kPa 和 400 kPa 四种垂直压力。沿固定剪切面以 0.8 mm/min 的剪切速率使试样在 3~5 min 内剪损。最后,我们计算了各试样的最大抗剪强度,并研究了微生物注浆技术在不同影响因素控制下对试件抗剪强度的强化作用。

图 6-14　直接剪切试验

在编组 13、14、15 的试验中,我们研究了煤矸石替代黏土质量比对试样抗剪强度的影响。每个编组选取了 4 个试样,分别施加了不同的垂直压力。试验结果如表 6-7 所示。

表 6-7　不同煤矸石替代比试样抗剪强度

编组	编号	煤矸石替代黏土质量比	垂直压力/kPa	无侧限抗剪强度/kPa
13	13-1	30%	100	130.257
	13-2	30%	200	172.905
	13-3	30%	300	244.101
	13-4	30%	400	294.605

表 6-7(续)

编组	编号	煤矸石替代黏土质量比	垂直压力/kPa	无侧限抗压强度/kPa
14	14-1	50%	100	105.006
	14-2	50%	200	149.547
	14-3	50%	300	219.200
	14-4	50%	400	266.547
15	15-1	70%	100	87.329
	15-2	70%	200	134.501
	15-3	70%	300	193.773
	15-4	70%	400	245.504

从表 6-7 中可看出,煤矸石替代黏土质量比会影响试样的抗剪强度。编组 13、14、15 分别对应煤矸石替代黏土质量比为 30%、50%、70%。煤矸石替代黏土质量比增加时,试样的抗剪强度整体下降。对于这三组试样,煤矸石替代黏土质量比越小,各垂直压力下试样的抗剪强度越高。

如图 6-15 所示,在 S-σ 关系曲线图中,以剪应力(抗剪强度)S 为纵坐标,垂直压力 σ 为横坐标,绘制不同煤矸石替代黏土质量比试样的 S-σ 关系曲线。各组试样的抗剪强度与垂直压力基本上呈线性关系。因此,可采用摩尔-库仑强度准则计算各组试样的抗剪强度指标 c、φ。通过 Origin 软件拟合一条直线,直线的倾角为土的内摩擦角 φ,直线在纵坐标轴上的截距为土的内聚力 c。

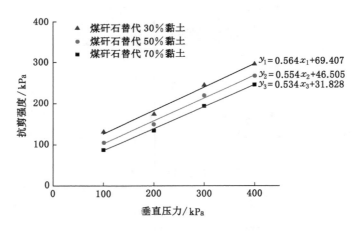

图 6-15　三种煤矸石替代比抗剪强度试验结果

通过分析图 6-15 可以得出以下结论:随着煤矸石替代黏土质量比的增加,固化试样的抗剪强度整体下降。在煤矸石替代黏土质量比为 30%、50% 和 70% 的情况下,试样的内摩擦角分别为 29.4°、29.0° 和 28.1°,内聚力分别为 69.41 kPa、46.51 kPa 和 31.83 kPa。

通过图 6-16 和图 6-17 对不同煤矸石替代黏土质量比试件固化后的内摩擦角 φ 和内聚

力 c 的变化进行分析可知:随着煤矸石替代黏土质量比的增加,内摩擦角 φ 呈现近似线性的小幅下降,而内聚力 c 则呈现出较大的降幅。

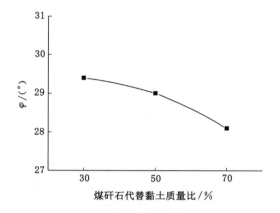

图 6-16　三种煤矸石替代比内摩擦角变化

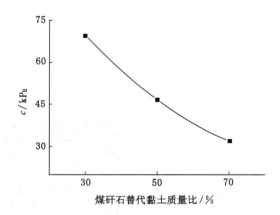

图 6-17　三种煤矸石替代比内聚力变化

当煤矸石掺量较低时,裂隙土体中的孔隙空间较多,足以支持 MICP 持续反应。在此过程中,以细菌体为成核位点生成碳酸钙晶体,充填土体孔隙,提高试样的稳定性。随着煤矸石掺量的增加,黏土矿物遇水膨胀,导致裂隙土体孔隙空间减小,MICP 反应难以持续,对试样内摩擦角产生影响。此外,碳酸钙生成量不足,难以扩大,降低了试样的内聚力。因此,随着煤矸石掺量的增加,MICP 反应生成碳酸钙含量降低,砂土颗粒间胶结作用减弱,导致试样的剪切强度降低。

6.3　配套技术研发

6.3.1　煤矸石分选技术

先前的室内试验表明煤矸石可替代多种填充物。为了提高废弃物的利用率,对煤矸石进行分类处理。由于煤矸石成分多样,包括软矸和硬矸。因此,设计了相应的技术流程,如图 6-18 所示。

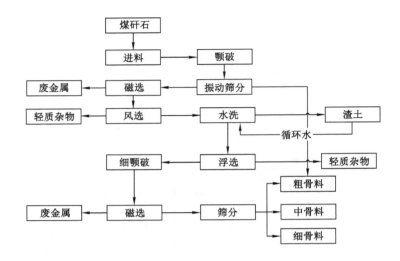

图 6-18　煤矸石处理流程

（1）进料系统:如图 6-19 所示,该系统包括垃圾装卸机,进料斗,振动给料机和筛土、微喷淋装置。这些设备用于装卸预处理的煤矸石,并将其送至破碎设备。

图 6-19　煤矸石进料系统

（2）破碎系统:如图 6-20 所示,主要包括大型颚式破碎机、反击破碎机、细颚式破碎机、圆锥破碎机以及喷淋系统。这些设备用于对煤矸石进行多级破碎处理,同时喷淋系统有助于减少扬尘。

（3）筛分系统:如图 6-21 所示,主要包括磁选设备与骨料筛分设备。磁选设备用于从煤矸石中去除锚杆等金属杂质;骨料筛分设备可实现软矸与硬矸的分离,并可将煤矸石筛分成不同粒径的骨料,同时便于超大骨料的二次破碎。

（4）骨料整形及增强系统:主要包括骨料整形设备与骨料凝胶喷淋设备。骨料整形设备通过让骨料高速运动,使其反复相互冲击与摩擦,去除凸出的棱角和颗粒表面附着物,从而提

图 6-20　煤矸石破碎装备

图 6-21　螺旋自磨净化分离装置

高再生骨料的强度等级;骨料凝胶喷淋设备则用于增强骨料强度,再生骨料如图 6-22 和 6-23
所示。

图 6-22　再生粗骨料

图 6-23　再生细骨料

6.3.2　隔水土层再造水电相似模拟技术

6.3.2.1　地下水渗流场的模拟方法

地下水渗流过程复杂,难以建立精确的数学模型来描述其渗流规律,通常采用物理模拟方法直接模拟渗流场。水电模拟试验是一种根据水电相似原理设计的物理模拟试验,利用电阻模拟含水层的透水性,利用电容储存和释放电量来模拟含水层中水的储存和释放。这种 R-C 电网络模拟方法具有很强的连续状态模拟能力,可以模拟地下水在含水层中几年甚至几十年的运动过程。在 20 世纪 60 年代,水电模拟试验在国际上得到了广泛应用。在中国,电模拟技术广泛应用于模拟水流水量等问题,以研究地下水渗流机理。崔光中等提出了地下水非稳定运动的电网络模拟方法。李茂秋利用电模拟技术模拟了各种复杂边界条件下的三维地下渗流场,为研究高坝岩基渗流,水库渗漏和岩溶水的补给、径流和排浅条件提供了有效依据,为防渗排水提供了可靠的依据。

随着计算机数值模拟技术的出现,水电物理模拟逐渐被取代。其主要存在以下弊端:① 学科脱节。电模拟技术在水文地质上的应用属于交叉学科,现实中水文地质人员普遍缺乏电模拟技术知识,而电模拟技术人员则需要深厚的电气专业知识,但往往对水文地质机理理解不够深入。由缺乏水文地质专业知识的人员解决复杂的水文地质问题,往往难以取得满意成果。② 技术发展局限。20 世纪六七十年代的电模拟技术依赖专门的电网络模拟机,受计算机技术限制,所研制的电网络模拟机通用性不强。如建立电网络通用机,企业需投入大量资金,相较数值模拟的经济性较差,且水电模拟试验大多采用手动设备,效率低、精度差,这在一定程度上限制了水电模拟试验的发展。

近年来,随着计算机技术的飞速发展,MATLAB 软件集成了数值分析、矩阵计算、科学数据可视化以及非线性动态系统的建模和仿真等诸多强大功能。利用 MATLAB 软件中的 Simulink 仿真系统,可以实现 R-C 网络模型的搭建,保留电网络模型优点的同时,克服了电网络模拟的诸多不足。MATLAB 软件在地下水电模拟中的应用,可以迅速实现大量节点的网络模型仿真以及含水层多层结构的研究。

6.3.2.2　水-电网络相似原理

水-电网络相似性的理论基础:在储层中,流体的渗流遵循达西定律和拉普拉斯方程;而电流在导电介质中遵循欧姆定律和拉普拉斯方程。由于方程的相似性,可以用电流场来模拟渗流场。以下是地下水三维流动的基本方程。

$$\frac{\partial}{\partial x}\left(K_{xx}\frac{\partial H}{\partial x}\right)+\frac{\partial}{\partial y}\left(K_{yy}\frac{\partial H}{\partial y}\right)+\frac{\partial}{\partial z}\left(K_{zz}\frac{\partial H}{\partial z}\right)=s\frac{\partial H}{\partial t} \tag{6-4}$$

式中　　H——水头,m;

K_{xx}、K_{yy}、K_{zz}——沿 x、y、z 方向的渗透系数,m/d;

s——储水率,1/m;

t——时间,d。

式(6-4)的有限差分方程如下所示:

$$K_{xx}(a)\frac{\Delta y\cdot\Delta z}{\Delta x}[H(1)-H(0)]+K_{xx}(b)\frac{\Delta y\cdot\Delta z}{\Delta x}[H(2)-H(0)]+$$

$$K_{yy}(e)\frac{\Delta x\cdot\Delta z}{\Delta y}[H(5)-H(0)]+K_{yy}(f)\frac{\Delta x\cdot\Delta z}{\Delta y}[H(6)-H(0)]+$$

$$K_{zz}(c)\frac{\Delta x\cdot\Delta y}{\Delta z}[H(3)-H(0)]+K_{zz}(d)\frac{\Delta x\cdot\Delta y}{\Delta z}[H(4)-H(0)]$$

$$\approx s(0)\Delta x\cdot\Delta y\cdot\Delta z\frac{\partial H(0)}{\partial t} \tag{6-5}$$

取图 6-24 所示的阻容网络模型,根据电流法则,节点 0 方程为:

$$\frac{V(1)-V(0)}{R_{xx}(a)}+\frac{V(2)-V(0)}{R_{xx}(b)}+\frac{V(5)-V(0)}{R_{yy}(e)}+\frac{V(6)-V(0)}{R_{yy}(f)}+$$

$$\frac{V(3)-V(0)}{R_{zz}(c)}+\frac{V(4)-V(0)}{R_{zz}(d)}=C(0)\frac{\partial V(0)}{\partial t_{m}} \tag{6-6}$$

式中　　V——电位,V;

R_{xx}、R_{yy}、R_{zz}——沿 x、y、z 方向的电阻,Ω;

C——电容,F;

t_{m}——电时间,s。

电流场与渗流场分别属于不同的物理场。在具体分析地下水渗流场时,需要运用相似原则将两者联系起来。通过对比公式(6-5)和公式(6-6),根据相似的理念,如图 6-24 所示的阻容网络模型能够模拟图 6-25 所示的三维地下水流动。该模拟系统如式(6-7)所示。

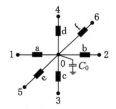

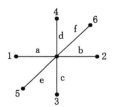

图 6-24　阻容网络　　　　　　　　　　　　图 6-25　差分网络

$$\begin{cases} V = \alpha H \\[6pt] R_{xx} = \beta \dfrac{\Delta x}{K_{xx}\Delta y \Delta z} \\[8pt] R_{yy} = \beta \dfrac{\Delta y}{K_{yy}\Delta x \Delta z} \\[8pt] R_{zz} = \beta \dfrac{\Delta z}{K_{zz}\Delta x \Delta y} \\[8pt] C = \gamma \cdot s \cdot \Delta x \cdot \Delta y \cdot \Delta z \end{cases} \tag{6-7}$$

式中，α、β、γ 为 3 个相互独立的比例系数。

若地下水属于无压含水层，可以考虑使用无压含水层数学模型[Neuman(纽曼)模型，式(6-8)]来描述具有三维流动特性的地下水运动。

$$\begin{cases} \dfrac{\partial}{\partial x}\left(K_{xx}\dfrac{\partial H}{\partial x}\right) + \dfrac{\partial}{\partial y}\left(K_{yy}\dfrac{\partial H}{\partial y}\right) + \dfrac{\partial}{\partial z}\left(K_{zz}\dfrac{\partial H}{\partial z}\right) = s\dfrac{\partial H}{\partial t} \\[10pt] -K_{zz}\dfrac{\partial H}{\partial z}\Big|_{z=0'} = \mu\dfrac{\partial H}{\partial t} \end{cases} \tag{6-8}$$

式中　μ——给水度；

$0'$——自由液面上任一点。

方程组[式(6-8)]的第一式为三维流动基本方程，第二式为无压水自由液面方程，其有限差分近似式为公式(6-9)。

$$K_{zz}(d)\dfrac{\Delta x \Delta y}{\Delta z}[H(0) - H(0')] \approx \mu\Delta x \Delta y\dfrac{\partial H(0')}{\partial t} \tag{6-9}$$

为了模拟 Neuman 模型，使用图 6-26 所示的阻容网络模型。根据电流法则，我们可以得到自由液面上任意一点 0 的电流方程。

$$\dfrac{V(0) - V(0')}{R_{zz}(d)} = C_r(0')\dfrac{\partial H(0')}{\partial t_m} \tag{6-10}$$

从上述二式的对比和参考三向网络模型，可以看出图 6-26 所示的阻容网络模型模拟了 Neuman 模型。该模型系统只需要在三维流的模拟系统中增加 $C_r = \gamma \cdot \mu \cdot \Delta x \cdot \Delta y$ 就可以了。

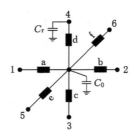

图 6-26　模拟阻容网络模型

6.3.2.3　地下水渗流场的水-电网络模型

本研究以陕西省榆林市神木神南矿区的水文地质资料为基础，进行仿真分析。主要开采煤层及其上覆岩层的结构和水文参数如下。

（1）第四系冲积层、洪积层孔隙潜水含水层组，厚度通常在 5.00 m 左右，水位埋深范围为 0.50～4.40 m，通常约为 2 m。渗透系数为 1.337～6.42 m/d。

（2）第四系萨拉乌苏组孔隙潜水含水层，含水层厚度从 0 至 25.04 m 不等，通常约为 10.00 m。水位埋深范围为 2.80～16.20 m。渗透系数在 0.044 8～6.883 m/d 之间。

（3）第四系离石组黄土相对隔水层，厚度从 0 至 59.26 m 不等，通常约为 22 m。渗透系数在 0.04～0.13 m/d 之间。

（4）新近系保德组红土相对隔水层，厚度从 0 至 107.81 m 不等，通常在 10.00～40.00 m 之间。渗透系数在 0.0016～0.017 m/d 之间。

（5）碎屑岩风化裂隙含水层，含水层厚度在 10.00～56.76 m 之间，通常在 30.00～50.00 m 之间。渗透系数在 0.056 59～0.111 m/d 之间。

以柠条塔煤矿为工程原型，其覆岩综合柱状构成及水文地质参数如表 6-8 所示。

表 6-8　覆岩综合柱状及水文地质参数

序号	地层	厚度/m	渗透系数/(m/d)	储水率/(1/m)
1	萨拉乌苏	10	3.88	1.7×10^{-4}
2	黄土	31	0.017	1.3×10^{-3}
3	红土	60	0.001 6	2.6×10^{-3}
4	风化基岩	19.5	0.083 8	4×10^{-5}
5	基岩	77.9	0.001	3×10^{-3}

根据表 6-8，我们可以建立工作面覆岩剖面模型，并模拟下行裂隙对地下水体的影响。主要考虑 y 和 z 方向，模型长度 x 方向 $L_x = 10$ m，y 方向 $L_y = 400$ m，z 方向 $L_z = 200$ m。

节点网络结构如下：

① x 方向：$L_x = 10$ m，节点间距取 1 m，共 10 个节点，编号为 1 到 10。

② y 方向：$L_y = 400$ m，节点间距取 10 m，共 40 个节点，编号为 1 到 40。

③ z 方向：$L_z = 200$ m，节点间距取 10 m，共 20 个节点，编号为 1 到 20。

在采煤工作面覆岩剖面模型中，节点表达方式为 $i \times j$，其中 $i = 1, 2, 3, \cdots, 21$；$j = 1, 2, 3, \cdots, 41$。因此，节点总数为 $41 \times 21 = 861$ 个。

根据这些信息，可以模拟下行裂隙对地下水体的影响，并分析在不同方向和距离上的渗透系数变化。这将有助于我们更好地了解地下水资源的分布和保护。

根据图 6-27 和图 6-28(a)，地下水流动示意图中包含了 5 个地层：萨拉乌苏组孔隙潜水含水层、黄土相对隔水层、红土相对隔水层、碎屑岩风化裂隙含水层和基岩相对隔水层。在图 6-28(b) 中，建立了一个电网络模型单列示意图，用于模拟地下水流动。

为了更好地理解地下水流动，我们需要分析每个地层的特点。

① 萨拉乌苏组孔隙潜水含水层：地下水在其中自由流动。在 y 和 z 方向上，地下水都可以流动。

② 黄土相对隔水层：地下水在其中的流动受到限制。在 y 和 z 方向上，地下水可以流动，但速度较慢。

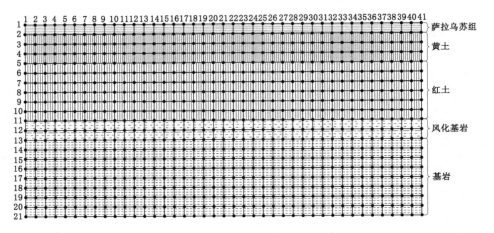

图 6-27　工作面覆岩剖面网络结构图

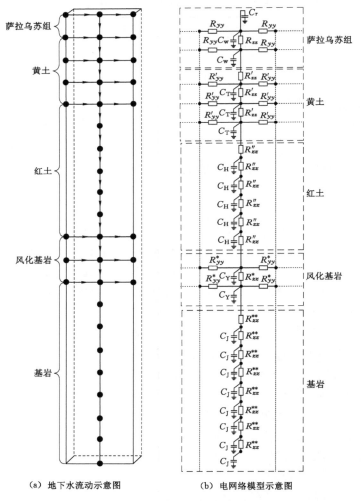

（a）地下水流动示意图　　　（b）电网络模型示意图

图 6-28　水-电网络相似示意图

③ 红土相对隔水层:地下水在其中的流动受到限制。在 z 方向上,地下水可以流动,但速度较慢。在 y 方向上,地下水不能流动。

④ 碎屑岩风化裂隙含水层:地下水在其中自由流动。在 y 和 z 方向上,地下水都可以流动。

⑤ 基岩相对隔水层:地下水在其中的流动受到限制。在未导通情况下,可以将其视为绝对隔水层。

根据这些特点,我们可以建立如图 6-28(b)所示的电网络模型单列示意图,用于模拟地下水流动。利用这个模型可以更好地了解地下水的分布、流动速度和方向,从而为水资源管理和环境保护提供依据。

根据式(6-7),定义本次模型参数如下所示:

$$
\begin{cases}
V = \alpha H \\
V^* = \alpha H^* \\
R_{yy} = \beta \dfrac{\Delta y}{K_{yy} \Delta x \Delta z} \\
R_{zz} = \beta \dfrac{\Delta z}{K_{zz} \Delta x \Delta y} \\
R'_{yy} = \beta \dfrac{\Delta y}{K'_{yy} \Delta x \Delta z} \\
R'_{zz} = \beta \dfrac{\Delta z}{K'_{zz} \Delta x \Delta y} \\
R''_{zz} = \beta \dfrac{\Delta z}{K''_{zz} \Delta x \Delta y} \\
R^*_{yy} = \beta \dfrac{\Delta y}{K^*_{yy} \Delta x \Delta z} \\
R^*_{zz} = \beta \dfrac{\Delta z}{K^*_{zz} \Delta x \Delta y} \\
R^{**}_{zz} = \beta \dfrac{\Delta z}{K^{**}_{zz} \Delta x \Delta y} \\
C_{\mathrm{r}} = \gamma \cdot \mu \cdot \Delta x \cdot \Delta y \\
C_{\mathrm{w}} = \gamma \cdot s \cdot \Delta x \cdot \Delta y \cdot \Delta z \\
C_{\mathrm{T}} = \gamma \cdot s' \cdot \Delta x \cdot \Delta y \cdot \Delta z \\
C_{\mathrm{H}} = \gamma \cdot s'' \cdot \Delta x \cdot \Delta y \cdot \Delta z \\
C_{\mathrm{Y}} = \gamma \cdot s^* \cdot \Delta x \cdot \Delta y \cdot \Delta z \\
C_{\mathrm{J}} = \gamma \cdot s^{**} \cdot \Delta x \cdot \Delta y \cdot \Delta z
\end{cases}
\tag{6-11}
$$

式中各参数含义如下。

（1）水文参数

H、H^*——萨拉乌苏层、风化基岩层水头,m;

μ——萨拉乌苏层给水度;

s、s'、s''、s^*、s^{**}——萨拉乌苏层、黄土层、红土层、风化基岩层、基岩储水率，1/m；

K_{yy}、K_{zz}——萨拉乌苏层沿主渗 y、z 方向的渗透系数，m/d；

K'_{yy}、K'_{zz}——黄土层沿主渗 y、z 方向的渗透系数，m/d；

K''_{zz}——红土层沿主渗 z 方向的渗透系数，m/d；

K^*_{yy}、K^*_{zz}——风化基岩层沿主渗 y、z 方向的渗透系数，m/d；

K^{**}_{zz}——基岩层沿主渗沿主渗 z 方向的渗透系数，m/d。

（2）电参数

V、V^*——萨拉乌苏层水头模拟电压、风化基岩层水头模拟电压，V；

$R_{yy}R_{zz}$——萨拉乌苏层沿 y、z 方向的模拟电阻，Ω；

$R'_{yy}R'_{zz}$——黄土层沿 y、z 方向的模拟电阻，Ω；

R''_{zz}——红土层沿 z 方向的模拟电阻，Ω；

$R^*_{yy}R^*_{zz}$——风化基岩层沿 y、z 方向的模拟电阻，Ω；

R^{**}_{zz}——基岩层沿 z 方向的模拟电阻，Ω；

C_r、C_w、C_T、C_H、C_Y、C_J——用储存和释放电量分别模拟萨拉乌苏层、黄土层、红土层、风化基岩层、基岩层水量储存和释放过程的电容，F。

模型中假设 y、z 方向上各向同性，即 $K_{yy}=K_{zz}$、$K'_{yy}=K'_{zz}$、$K^*_{yy}=K^*_{zz}$。萨拉乌苏组水位埋藏深度 198～195 m，风化岩水位埋藏深度 183～180 m。

电参数参照式（6-11）计算结果如下：

$$V=\alpha H=198 \text{ V}$$

$$V^*=\alpha H^*=195 \text{ V}$$

$$V_1=\alpha H=183 \text{ V}$$

$$V_1^*=\alpha H^*=180 \text{ V}$$

$$R_{yy}=\beta\frac{\Delta y}{K_{yy}\Delta x\Delta z}=10^{-2}\times\frac{10}{3.88\times10}=0.002\,58\,(\Omega)$$

$$R_{zz}=\beta\frac{\Delta z}{K_{zz}\Delta x\Delta y}=10^{-2}\times\frac{10}{3.88\times10}=0.002\,58\,(\Omega)$$

$$R'_{yy}=\beta\frac{\Delta y}{K'_{yy}\Delta x\Delta z}=10^{-2}\times\frac{10}{0.017\times10}=0.588\,(\Omega)$$

$$R'_{zz}=\beta\frac{\Delta z}{K'_{zz}\Delta x\Delta y}=10^{-2}\times\frac{10}{0.017\times10}=0.588\,(\Omega)$$

$$R''_{zz}=\beta\frac{\Delta z}{K''_{zz}\Delta x\Delta y}=10^{-2}\times\frac{10}{0.001\,6\times10}=6.25\,(\Omega)$$

$$R^*_{yy}=\beta\frac{\Delta y}{K^*_{yy}\Delta x\Delta z}=10^{-2}\times\frac{10}{0.083\,8\times10}=0.119\,(\Omega)$$

$$R^*_{zz}=\beta\frac{\Delta z}{K^*_{zz}\Delta x\Delta y}=10^{-2}\times\frac{10}{0.083\,8\times10}=0.119\,(\Omega)$$

$$R^{**}_{zz}=\beta\frac{\Delta z}{K^{**}_{zz}\Delta x\Delta y}=10^{-2}\times\frac{10}{0.001\times10}=10\,(\Omega)$$

$$C_r = \gamma \cdot s \cdot \Delta x \cdot \Delta y \cdot \Delta z = 10^{-4} \times 1.7 \times 10^{-4} \times 10 \times 10 = 1.7 \times 10^{-6} (\mathrm{F})$$

$$C_T = \gamma \cdot s' \cdot \Delta x \cdot \Delta y \cdot \Delta z = 10^{-4} \times 1.3 \times 10^{-3} \times 10 \times 10 = 1.3 \times 10^{-5} (\mathrm{F})$$

$$C_H = \gamma \cdot s'' \cdot \Delta x \cdot \Delta y \cdot \Delta z = 10^{-4} \times 2.6 \times 10^{-3} \times 10 \times 10 = 2.6 \times 10^{-5} (\mathrm{F})$$

$$C_Y = \gamma \cdot s^* \cdot \Delta x \cdot \Delta y \cdot \Delta z = 10^{-4} \times 4 \times 10^{-5} \times 10 \times 10 = 0.4 \times 10^{-6} (\mathrm{F})$$

$$C_J = \gamma \cdot s^{**} \cdot \Delta x \cdot \Delta y \cdot \Delta z = 10^{-4} \times 3 \times 10^{-3} \times 10 \times 10 = 3 \times 10^{-5} (\mathrm{F})$$

利用 MATLAB 软件中的 Simulink 可视化仿真功能,搭建地下水运行电网络模型。

6.3.2.4　煤层开采过程中的水头变化

在 Simulink 仿真模型中,相邻点位的距离为 10 m,水平方向上每间隔三个点位设置一组监测组件,用于收集该点位的测试数据。这意味着在同一水平层内,每隔 40 m 监测一次水位高度。对地层中 11 个监测点竖直方向的水位高度数据进行统计,并绘制成曲线,即为该地层地下水位高度曲线。运行稳态模型,萨拉乌苏层、黄土层、红土层水位分别如图 6-29 (a)、(b)、(c)所示。

在煤层开采过程中,通过调整煤层开采扰动区域的渗透系数,可以改变电网络模型模拟电阻,从而模拟工作面覆岩水流动现象。这种模拟主要关注煤层开采对萨拉乌苏含水层地下水位高度的影响。在对煤层采动后的地下水位进行模型仿真后,萨拉乌苏层、黄土层、红土层水位分别如图 6-30(a)、(b)、(c)所示。

从图 6-29 和图 6-30 的对比(图 6-31)中,我们可以发现,在煤层开采前,未采动的稳态模型地下水位高度明显高于煤层开采后的地下水位高度。在煤层开采后,采空区上方的水位显著下降,这表明萨拉乌苏组含水层的水严重损失。这种地下水位的变化可能对采矿工程和水资源管理产生重要影响,需要采取相应的措施来确保地下水资源的可持续利用。

柠条塔煤矿的高强度开采导致了密集的上行和下行裂缝在矿区出现,这对煤矿的安全生产和生态环境造成了严重影响。在开采后,地下水位曲线呈现出宽缓的“W”形。由于开切眼和终采线附近的裂缝密集且会通向地表,地下水资源流失严重,水位下降幅度很大。

6.3.2.5　MICP 修复后的水头变化

通过对试验样品进行测试,未修复的样品渗透系数介于 $6.861 \times 10^{-6} \sim 1.029 \times 10^{-5}$ cm/s 之间,平均值为 8.576×10^{-6} cm/s,换算为 7.409×10^{-3} m/d。而经过 MICP 矿化修复的裂隙试样,渗透系数大幅降低。以编组 15 为例,在沙土比为 1∶1、煤矸石代替黏土质量比为 50%、菌液浓度 $A_{600} = 4.74$ 时,渗透系数平均值为 4.954×10^{-7} cm/s,换算为 4.280×10^{-4} m/d。与未修复样品相比,渗透系数降低了 1 个数量级。

在未修复模型中,充填了萨拉乌苏组含水层、黄土相对隔水层、红土相对隔水层的下行裂隙,即仿真电网络模型中这三个地层电阻值为原始值。风化基岩层和基岩层埋藏较深,充填深度难以达到,因此未纳入本次研究的充填对象。对煤层采动后的充填未修复模型地下水位进行模型仿真,萨拉乌苏层、黄土层、红土层水位分别如图 6-32(a)、(b)、(c)所示。

对煤层采动后的 MICP 充填修复模型地下水位进行模型仿真,萨拉乌苏层、黄土层、红土层水位如图 6-33 所示。

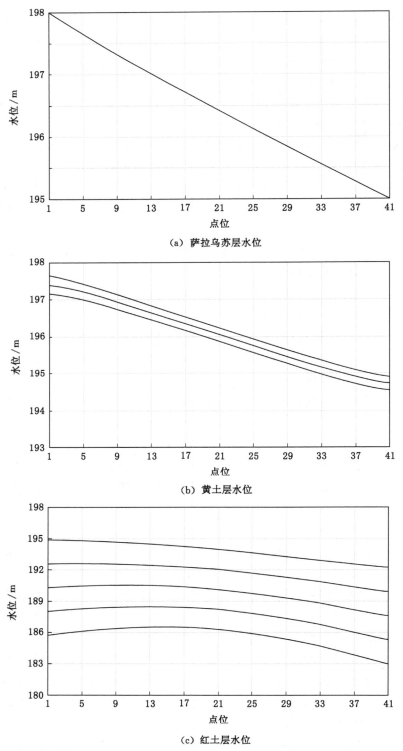

（a）萨拉乌苏层水位

（b）黄土层水位

（c）红土层水位

图 6-29　稳态模型水位示意图

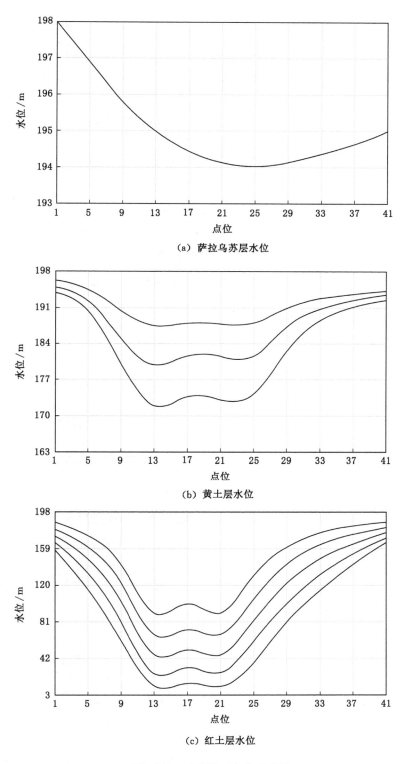

（a）萨拉乌苏层水位

（b）黄土层水位

（c）红土层水位

图 6-30　开采模型水位示意图

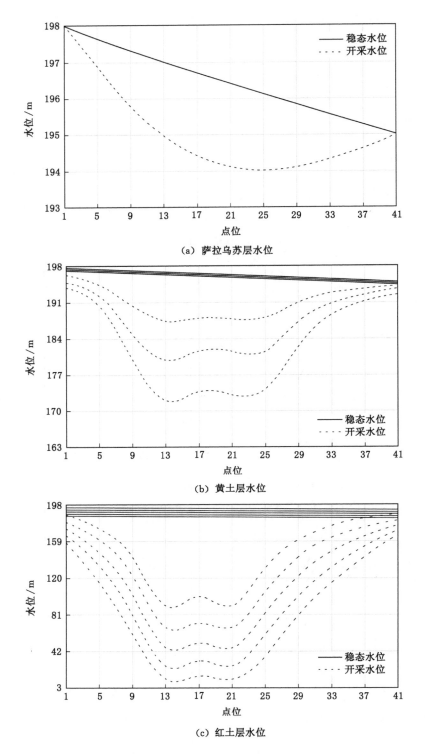

(a) 萨拉乌苏层水位

(b) 黄土层水位

(c) 红土层水位

图 6-31　稳态模型与开采模型水位对比图

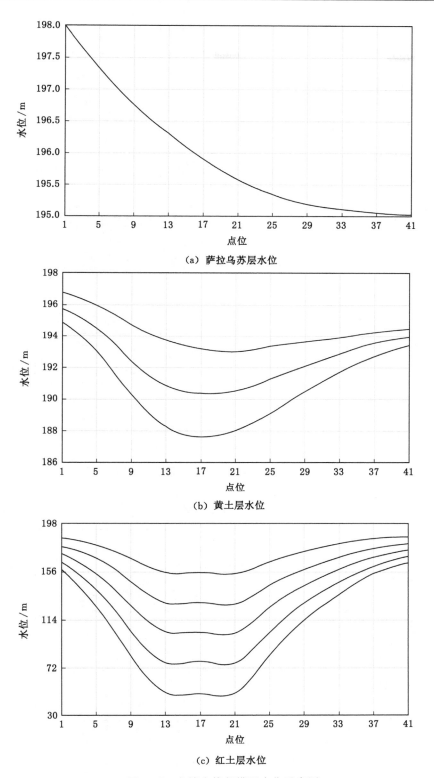

(a) 萨拉乌苏层水位

(b) 黄土层水位

(c) 红土层水位

图 6-32　充填未修复模型水位示意图

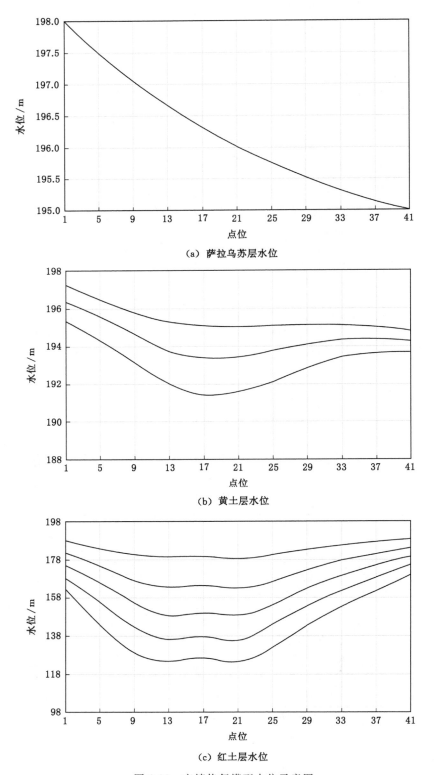

（a）萨拉乌苏层水位

（b）黄土层水位

（c）红土层水位

图 6-33　充填修复模型水位示意图

通过图 6-34 可以发现,在未修复的充填裂隙模型中,尽管萨拉乌苏组和隔水层的渗透系数已经恢复,但深部风化基岩和基岩层仍然存在裂隙,导致地下水位降幅较大。然而,在通过 MICP 修复的下行裂隙中,渗透系数提高了一个数量级。通过电网络模拟,我们可以看出,MICP 修复后的地下水位曲线变得更加平缓,开采区域的地下水位恢复程度显著提高,从而有效地减少了地下水资源的流失。

6.3.3　浅表裂隙土钻孔旋喷灌注参数确定

6.3.3.1　传统注入方法的局限性

传统的微生物修复裂隙技术主要有三种方式:浸泡、注入和喷洒。以下是对各方法的局限性分析。

（1）浸泡法

浸泡法在确保修复剂与裂缝充分接触的同时,延长了修复时间,从而提高了修复效果和缩短了修复周期。在实际应用中,对于预制构件在安装前出现的裂缝,可采用浸泡法进行修复。然而,对于采煤导致的地表裂缝,修复难度较大,具有一定的局限性。

（2）注入法

注入法通过延长修复液在裂缝内的滞留时间来实现。由于土样本身具有多孔结构,低黏性的修复液在注入混凝土后容易被基体吸收,难以精确定位到裂缝处。因此,延长修复液在土样裂缝内的滞留时间是缩短修复周期的关键。然而,滞留工艺的复杂性导致人力物力消耗较大,推广难度很大。因此,需要进一步研究简单易操作的滞留工艺。

（3）喷洒法

注射法修复后的抗压强度比喷洒法高约 30%,抗折强度高约 60%。注射法的吸水系数为 0.002,而喷洒法的吸水系数为 0.005。因此,与注射法相比,喷洒法的效果明显不足。

总之,传统的微生物修复裂隙技术方法均存在局限性,给工程应用带来了一定的困难。为了解决这一问题,我们探讨了旋喷灌注方法。

6.3.3.2　钻孔旋喷注入方法简介

旋喷灌注法又称旋喷法注浆,简称旋喷桩,起源于 20 世纪 70 年代的高压喷射注浆技术,并在 80 和 90 年代在全国范围内得到广泛应用和推广(如图 6-35 所示)。实践证明,这种方法在处理淤泥、淤泥质土、黏性土、粉土、砂土、人工填土和碎石土等方面具有良好效果。

旋喷桩通过钻机将旋喷注浆管和喷头钻至设计桩底高程,利用高压发生装置使浆液获得巨大能量,然后从注浆管边上的喷嘴高速喷射出来,形成一股集中能量的液流,直接破坏土体。在喷射过程中,钻杆边旋转边提升,使浆液与土体充分搅拌混合,从而在土中形成一定直径的柱状固结体,实现地基加固。施工通常分为两个步骤:先钻后喷。

传统的旋喷钻机主要用于提高地基承载力,但在采煤裂隙区,不需要特别高的地基承载力,所以需要优化调整各种参数。因此,结合矿山压力与岩层控制规律进行相关参数的研究如下。

6.3.3.3　钻孔旋喷注入微生物修复采煤地裂缝参数

（1）旋喷提升速度

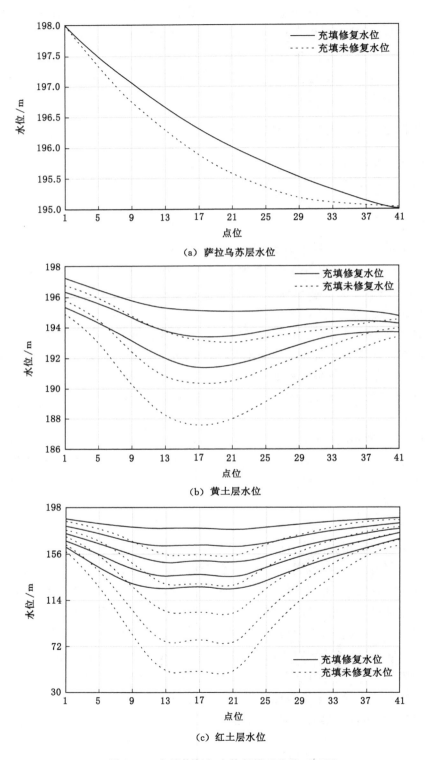

（a）萨拉乌苏层水位

（b）黄土层水位

（c）红土层水位

图 6-34　充填修复与未修复模型水位对比图

图 6-35　旋喷钻孔灌注应用图

　　传统的钻孔旋喷提升速度在黏性土中的范围是 $0.2 \sim 0.25$ m/min。然而,煤炭开采导致的浅层土体碎胀使得需要灌注的空间变大,因此需要降低旋喷提升速度,引入修正系数 k。

　　在柠条塔煤矿南翼 2^{-2} 煤层开采区域,我们进行了物理模拟研究,并将采煤影响下的隔水土层碎胀情况分为不同的区域。根据柠条塔煤矿煤层开采的实际情况,我们选取了该区域 SB45 钻孔数据及周边钻孔参数,对煤层覆岩较厚处进行模拟研究。覆岩地质状况和岩石物理力学参数见表 6-9。

表 6-9　柠条塔煤矿南翼 SB45 钻孔及周边钻孔数据及力学参数

编号	岩性	层厚/m	埋深/m	密度/(g/cm³)	单轴抗压强度/MPa	弹性模量/MPa	泊松比	抗拉强度/MPa	内聚力/MPa	内摩擦角/(°)
1	黄土	18.5	18.5							
2	红土	91	109.5	1.87	0.212	0.11			0.096	32.9
3	泥岩	5.7	115.2	2.75	9.67	37	0.35	0.04	0.12	36
4	粗粒砂	5.3	120.5	2.67	14.1	264	0.3	0.21	0.7	42
5	粉砂岩	6.3	126.8	2.7	29.6	1 007	0.29	0.5	1.5	42
6	1^{-2}煤	1.3	128.1	1.5	15.7	767	0.28		1.1	37.5
7	砂质泥岩	12.6	140.7	2.75	9.67	37	0.35	0.04	0.12	36
8	细粒砂	10.6	151.3	2.71	17.5	150	0.32	0.13	0.5	41
9	细粒砂	12.3	163.6	2.71	17.5	150	0.32	0.13	0.5	41
10	2^{-2}煤	4.0	167.6	1.51	13.8	830	0.27		1.2	37

根据现有条件和研究问题的特点,我们选择了尺寸为 3.0 m(长)×0.2 m(宽)×2.5 m(高)的试验模型架。

在相似性条件方面,包括几何相似、采动岩土体变形和破坏过程的本构相似、单值条件相似以及由无因次参数所确定的相似准则。这些相似性条件由与采动岩土体变形破坏过程相关的物理、力学参数(如几何尺寸 L,重力密度 γ,运动时间 t,运动速度 v,重力加速度 g,岩土层性质如强度、弹性模量 E、内聚力 c、内摩擦角等)以及作用力 f(下标 p 表示原型,下标 m 表示模型)得出。

根据该区覆岩赋存条件和实验室模型架尺寸参数,本次物理模拟试验采用平面应力模型。模型几何相似比为 1:100。

几何相似条件:$\alpha_l = \dfrac{l_m}{l_p} = \dfrac{1}{100}$;重力相似条件:$\alpha_\gamma = \dfrac{\gamma_m}{\gamma_p} = \dfrac{2}{3}$;重力加速度相似条件:$\alpha_g = \dfrac{g_m}{g_p} = \dfrac{1}{1}$;时间相似条件:$\alpha_t = \dfrac{t_m}{t_p} = \sqrt{\alpha_l} = \dfrac{1}{11}$;速度相似条件:$\alpha_v = \dfrac{v_m}{v_p} = \sqrt{\alpha_l} = 0.091\,3$;位移相似条件:$\alpha_l = \alpha_s = \dfrac{1}{100}$;强度、弹模、内聚力相似条件:$\alpha_R = \alpha_E = \alpha_C = \alpha_l \alpha_\gamma = \dfrac{1}{150}$;内摩擦角相似条件:$\alpha_\varphi = \dfrac{R_m}{R_p} = \dfrac{1}{1}$;作用力相似条件:$\alpha_f = \dfrac{f_m}{f_p} = \alpha_g \alpha_\gamma \alpha_l^3 = 0.386 \times 10^{-6}$。

在模型表面布置 8 条位移监测线,具体位置如下:

① 在距离 2^{-2} 煤底板 9 cm 处布置测线 H(2^{-2} 煤顶板);

② 在距离 2^{-2} 煤底板 20 m 处布置测线 G(2^{-2} 煤覆岩关键层);

③ 在距离 2^{-2} 煤底板 45 cm 处布置测线 F(1^{-2} 煤覆岩关键层);

④ 在距离 2^{-2} 煤底板 55 cm 处布置测线 E(黄土层与基岩分界面);

⑤ 在距离 2^{-2} 煤底板 73 cm 处布置测线 D(黏土层下部位置);

⑥ 在距离 2^{-2} 煤底板 103 cm 处布置测线 C(黏土层中间位置);

⑦ 在距离 2^{-2} 煤底板 133 cm 处布置测线 B(黄土层中间位置);

⑧ 在距离 2^{-2} 煤底板 165 cm 处布置测线 A(距地表 3cm 处)。

每条测线设置 14 个测点,测点间距 20 cm(起始测点距离模型边界 15 cm),测点标签为 A1~A14,B1~B14,…,H1~H14。模型仅开采 2^{-2} 煤层,从右向左开挖,每次开挖步距为 1.0 cm。为减小模型边界效应,模型左右两侧分别设置 50 cm 和 40 cm 的边界保护煤柱。模型全景见图 6-36。

工作面推进 140 m 至 210 m 期间,分别在工作面推进至 154 m、166 m、182 m、195 m、210 m 处发生周期来压。统计发现,在 2^{-2} 煤层回采过程中共出现 11 次周期来压,其中工作面发生初次来压步距为 56 m,周期来压步距分别为 13 m、14 m、12 m、15 m、16 m、14 m、14 m、12 m、16 m、13 m、15 m,平均周期来压步距为 14 m。

工作面推进至 210 m 时,工作面回采结束。煤层开采覆岩稳定后,原竖向裂隙在原发育高度(距离煤层顶板 108 m)处未见竖向扩展。地表下沉外侧受拉伸应力影响而出现下行裂隙,地表土层出现回转,致使地表下沉盆地边缘的下行裂隙逐渐区域弥合。

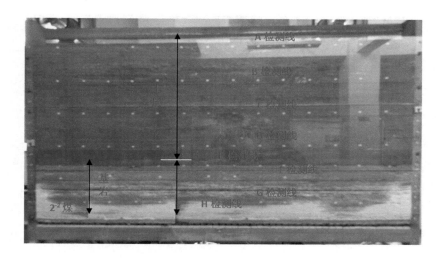

图 6-36　试验模型

从模拟过程看,随着地表下沉范围的增大,模型两侧受到拉应力的影响,原生下行裂隙逐渐扩展,裂隙深度最大达 15.7 m,并在地表出现多条大小不均的下行裂隙;记录数据显示,2^{-2}煤层开采后,冒落带高度为 15 m(为采厚的 3.8 倍),基岩垮落角开切眼侧为 59°,停采线侧为 62°,如图 6-37 和 6-38 所示。

图 6-37　工作面回采结束局部图

模拟结果显示,隔水土层可分为三个区域:下行裂隙区、弯曲下沉区和上行裂隙区(即贯通裂隙发育区)。下行裂隙区的旋喷钻孔注浆量修正系数 k_1 根据野外地裂缝观测裂隙区体积变化获得,取值范围为 0.4 至 0.6。下行裂隙深度 h_j 可通过理论公式计算得出,$h_j = \dfrac{2c\tan\left(\dfrac{\pi}{2}+\dfrac{\varphi}{2}\right)}{\gamma}$。弯曲下沉区的旋喷钻孔注浆量修正系数 k_2 通过室内三轴卸载试验获得(通过围岩压力卸载获取应变),取值范围为 0.8 至 0.9。弯曲下沉高度 h_w 通过"三带"孔或模拟确定。上行裂隙区的旋喷钻孔注浆量修正系数 k_3 同样通过室内三轴卸载试验获得(通过围岩压力卸载获取应变),取值范围为 0.6 至 0.8。上行裂隙高度 h_s 通过"三带"孔或模拟

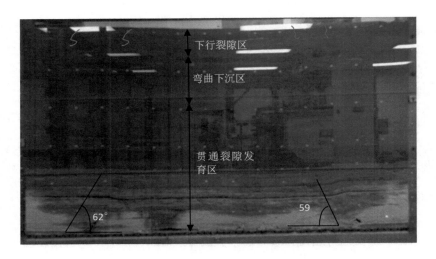

图 6-38 工作面回采结束整体图

确定。

综上,k 取值范围确定为 0.4~0.9,v_1 的取值如式(6-12)所示。因此,确定采煤塌陷区旋喷钻孔提升速度 $v_1 = 0.08~0.225$ m/min。

$$v_1 = \begin{cases} k_1 \times v, & h \leqslant \dfrac{2c\tan\left(\dfrac{\pi}{4} + \dfrac{\varphi}{2}\right)}{\gamma} \\[2em] k_2 \times v, & \dfrac{2c\tan\left(\dfrac{\pi}{4} + \dfrac{\varphi}{2}\right)}{\gamma} + h_w \geqslant h > \dfrac{2c\tan\left(\dfrac{\pi}{4} + \dfrac{\varphi}{2}\right)}{\gamma} \\[2em] k_3 \times v, & \dfrac{2c\tan\left(\dfrac{\pi}{4} + \dfrac{\varphi}{2}\right)}{\gamma} + h_s \geqslant h > \dfrac{2c\tan\left(\dfrac{\pi}{4} + \dfrac{\varphi}{2}\right)}{\gamma} + h_w \end{cases} \quad (6\text{-}12)$$

(2)单孔旋喷注浆量

传统黏性土条件下旋喷注入注浆流量一般为 $Q = 80~100$ L/min,结合采动条件下的提升速度,可以计算出单孔总的喷浆量 $Q' = k_2 \times \left[\sum (h \div v_1) \times Q\right]$,其中 k_2 为旋喷钻孔的注浆量修正系数,取 1.1~1.2,Q 为正常喷浆速量,取 80~100 L/min,T 为需要注浆的厚度,通过钻探确定;v_1 为采煤塌陷区旋喷钻孔提升速度。以陕北柠条塔煤矿为例,$Q' = k_2 \times \left[\sum (h \div v_1) \times Q\right] = 1.2 \times (648.33 \times 100) = 64\,832.13$ (L) $= 64.832\,13$ m^3。

(3)旋喷压力

传统黏性土条件下旋喷压力 P_1 一般取 20~25 MPa,煤炭开采后形成了采动附加应力场,因此旋喷压力应该增加 ΔP,即旋喷压力 $P = P_1 + \Delta P$。采煤附加应力场在覆岩各区域有所差异,根据现场压水试验(NT1 钻孔位于采动导水裂隙以上区域的整体下沉带,ZJ3 钻孔位于工作面开切眼处裂隙贯通黏性土层的裂隙贯通区,HL3 钻孔位于开切眼以外受采动拉张下行裂隙区,详细示意图见图 6-39),可以得到附加应力取值,结果如表 6-10 所示。

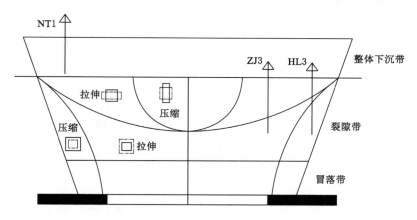

图 6-39　压水试验获取采动附加应力示意图

表 6-10　采后压水试验结果

孔号	土层类型	起止深度/m	试验压力/MPa	单位流量/(L/min)	渗透系数/(m/d)
HL3	离石黄土	43.3~48.4	0	88.8	0.29
	保德红土	69.0~75.1	0.3	3.7	0.007 164
			0.6	4.76	0.009 216
			0.8	7.2	0.013 94
			0.6	6.4	0.012 39
			0.3	4.8	0.009 294
ZJ3	离石黄土	16.0~21.1	0	318.6	1.04
	保德红土	30.0~37.2	0	69.6	0.23
NT1	离石黄土	3.5~10.5	0.4	6	0.022 976
			0.6	114.6	0.304 434
			0.8	135.8	0.276 066
			0.6	96.67	0.256 794
	保德红土	23.1~30.2	0.4	1.05	0.002 777
			0.6	1.85	0.004 892
			0.8	2.55	0.006 743
			0.6	1.64	0.003 342
			0.3	0.92	0.002 806

根据 HL3 钻孔压水试验结果,边缘拉张区的离石组黄土在无水压作用下渗透系数较采动前增大 1~2 个数量级,说明黄土受水平拉伸作用使得黄土围压卸载。边缘拉张区的保德红土在 0.8 MPa 水压力下渗透系数显著增加,因此附加应力为 0.8 MPa。

ZJ3 钻孔注水试验结果显示,开切眼附近裂隙贯通区黄土和红土均受拉伸作用,围压卸载,且裂隙发育明显。因此,$\Delta P < 0$,取值为 0。

NT1 钻孔压水试验结果显示,位于整体下沉带的离石黄土在 0.6 MPa 时渗透系数较采动前增大 1 个数量级,$\Delta P = 0.6$ MPa;位于整体下沉带一定深度的保德红土则受压缩作用,渗透系数较采动前略有降低。因此,$\Delta P > 0.8$ MPa,取值为 2 MPa。

综上所述,研究区旋喷钻机的旋喷压力建议为 20~22 MPa,其中浅表黄土范围内可保持 20 MPa,红土范围可统一保持 22 MPa。

(4)旋喷浆液配比

传统旋喷浆液为水泥和水的混合物,测定的是固化后的旋喷体的强度。本次固化材料选取为微生物固化液、黄土和水,测定的是固化后的旋喷体的渗透性。采用室内正交试验进行最优配比研究。

保持固化液和水 1:1 前提下,调整固液比例,选定 0.1:1、0.3:1、0.5:1、0.7:1、0.9:1、1.2:1,固化后对固体部分采用南-55 型渗透仪进行渗透试验,结果如表 6-11 所示。

保持固液比 0.5:1 前提下,调整菌液与水的比例 0.6:1、0.8:1、1.0:1、1.2:1,分别对混合后的溶液测定 OD600 值,分别为 1.88、2.32、2.99、3.74,固化后对固体部分采用南-55 型渗透仪进行渗透试验,结果如表 6-11 所示。

表 6-11　模拟旋喷配比试验结果

序号	菌液:水	固相:液相	渗透系数/(cm/s)
1	1:1	0.1:1	13.4×10^{-6}
2	1:1	0.3:1	9.8×10^{-6}
3	1:1	0.5:1	8.8×10^{-6}
4	1:1	0.7:1	8.0×10^{-6}
5	1:1	0.9:1	7.3×10^{-6}
6	1:1	1.2:1	6.6×10^{-6}
7	0.6:1	0.5:1	10.3×10^{-6}
8	0.8:1	0.5:1	9.8×10^{-6}
9	1.0:1	0.5:1	8.8×10^{-6}
10	1.2:1	0.5:1	7.9×10^{-6}

由表 6-11 可以看出:随着固相比例提升,渗透系数整体呈现下降趋势,而在固液比=0.5:1 之后下降不显著。此外,菌液中加入的水的比例提升,导致菌液密度下降,即 OD600 值有所下降,此时渗透系数整体呈现上升趋势,而在 0.8:1 之后趋于平稳。综上,旋喷浆液的优势构成选定为微生物固化液:黄土:水=0.8:0.9:1,这里微生物固化液包括菌液和胶结液体,两者比例为 1:1,其中微生物菌液的 OD600 值为 2.32,胶结液为尿素和氯化钙。

6.4　小结

(1)相同采矿条件下,稳定阶段黄土地貌平行裂缝发育深度是风积沙地貌条件下的

1.93 倍,河谷地貌平行裂缝发育深度是黄土地貌条件下的 1.50 倍。而黄土地貌边界裂缝发育深度是风积沙地貌条件下的 2.06 倍,河谷地貌平行裂缝发育深度是黄土地貌条件下的 0.61倍。不同地貌裂缝宽度与深度整体均有较好的正相关性。

（2）平行裂缝由于采煤开度有限,无明显充填物。边界裂缝由于采煤开度较大,风沙滩地貌下风积沙沉积速率快充填程度最高,达到 100%,其次是河谷地貌,而黄土梁峁区充填物很少,仅 9.4%。所有地裂缝充填的密度相对天然密度略低。充填物的 pH 值介于 7.9~10.4 之间,充填体弱碱性环境适合微生物进行修复。

（3）采煤地裂缝应力状态可以分为两种,即边界裂缝处于单向拉应力状态,而平行裂缝处于单向水平压应力状态,采用压水试验测定平行裂缝围压为 0.4~0.6 MPa。

（4）在修复体强度方面,修复土样最低强度可以达到重塑无裂缝土样强度,说明在力学性能上各类地貌均能满足修复要求。但依据界面剪切有效系数理论,原位修复时可能存在局部应力集中效应大于修复效应的情况,特别在河谷地貌加强 MICP 修复条件下。此外,随着土体充填比例的增加呈现出强度先增加后降低的趋势,其中沙土比 1∶1~1.5∶1 范围内充填强度最优。

（5）在修复体渗透性方面,修复土样最大渗透系数接近重塑无裂缝土样渗透系数,说明在水理性能上各类地貌均能满足修复要求。充填物特征对修复体的渗透性影响是最大的,特别是沙土比达到 2∶1 时,渗透系数显著增大,而沙土比 1∶1 及以下阶段则变化相对平缓。

（6）在修复体抗冲刷方面,地裂缝修复体斜坡的模拟降水冲刷量与地貌特征关系密切,即在相同地形和降雨条件下,冲刷量风沙滩＞黄土梁峁＞河谷,其中黄土梁峁和河谷冲刷量较为接近。但实际情况下,土体冲刷的外因（流速和流量）并不相同,可能出现实际情况下风沙滩地貌冲刷量最小的情况。

（7）基于煤矸石分选技术可用软矸石代替黏土充填采煤地裂缝,替代率 50% 可以兼顾力学和水理参数。

（8）采用水电相似模拟技术揭示了浅表裂隙土修复下可实现隔水土层再造。

（9）优化了钻孔旋喷微生物固化技术,并结合采矿地质条件,给出了旋喷浆液配比、旋喷压力、单孔旋喷注浆量及旋喷提升速度等多个参数的求取方法。

第7章 结论与展望

7.1 结论

煤矿水、火、瓦斯、顶板、粉尘、冲击地压等灾害制约了安全高效生产。各类灾害需要不同特性的固化材料来进行加固、封堵、修复工作,目前矿用胶凝材料可以在一定程度上满足基本要求。绿色矿山建设对绿色环保固化材料及配套节能减排技术有更高的需求。为此,基于 MICP 原理,开展了一系列的室内固化试验、原位测试和理论研究,并形成了以下的主要结论。

(1)发明了基于玄武岩纤维固载微生物辅助固化水泥基封孔材料及其配套使用方法,该材料塑性破坏时间延后 30%,承受荷载提高 40%,抗压强度提高 40.71%;拉伸破断时间延后 44.83%,承受荷载提高 38.60%,抗折强度提高 37.84%,2 mm 以内的裂隙可以自愈合。采用本材料进行瓦斯抽采,单孔瓦斯抽采浓度提高了 3~5 倍,煤层瓦斯抽采总量能够有效提高约 67%。

(2)通过正交试验得到了粉煤灰等矿山固废材料掺和的沿空留巷充填材料配比。基于沿空留巷工程混凝土墙体早期强度损失的特征,提出了微生物辅助抗疲劳的沿空留巷充填材料 MICP 修复 4 d 能够达到设计标准。进一步采用柔模材料透水而不透微生物,相比钢板支护,强度进一步提升,5 d 强度可达 26~37 MPa。

(3)基于高矿化度矿井水钙源提取,研发了微生物联合矿井水改性黏性土防治水浆液,相比空白样品,改性后黏度下降 1.64%,无侧限抗压强度提高了 90.12%,透系数下降 83.16%~89.56%。并基于膨胀界限理论和微生物的生长规律,给出了配套防治水注浆参数,包括微生物混合时机、微生物浆液养护时间及注浆改性厚度,得到了实践工程的检验。

(4)在面向 MICP 的采煤地裂缝发育规律研究的基础上,综合考虑强度、渗透性及抗冲刷强度,采用煤矸石、黄土及风积沙等充填物,得到了各类采矿地质条件下 MICP 修复充填及修复配比。对修复结果采用了配套的水电相似模拟技术进行了评价,认为修复后可以达到生态保护的目的。此外,结合采煤覆岩破坏和岩层移动规律,提出了裂隙土旋喷灌注技术,并提出了相应的参数计算方法。

7.2 展望

MICP 技术目前已经在岩土领域开展了大规模的应用,已有工业化产品,但矿业领域尚处于起步阶段,还有较多的科学问题和现场技术需进一步研究。

（1）在理论研究方面：目前，利用微生物诱导方解石产量已有部分本构模型研究，但基于 MICP 技术构建矿山灾害防治本构模型研究仍有空间。

（2）在材料研究方面：矿山防灭火、矿山充填开采、煤柱加固等方面还有进一步的研究空间。微生物技术受多种因素影响，各类采矿地质条件下配比数据库还需要进一步的研究。

（3）在技术研发方面：传统的喷洒、注入及浸泡技术各有局限，应充分结合矿山开采特点，研发电渗、旋喷、缓释等新型高效注入技术。

参 考 文 献

[1] 王庆伟,邢夏帆,邹明俊,等.生态地质层理论在煤层保护和生态修复中的应用:以高原高寒矿区生态治理实践为例[J].煤田地质与勘探,2023,51(4):104-109.

[2] 范立民,孙强,马立强,等.论保水采煤技术体系[J].煤田地质与勘探,2023,51(1):196-204.

[3] 胡振琪.矿山复垦土壤重构的理论与方法[J].煤炭学报,2022,47(7):2499-2515.

[4] 张世忠.伊犁矿区弱胶结地层采动阻水性能演化规律及其控制机理[D].徐州:中国矿业大学,2021.

[5] 王丽.恢复力视角下矿区植被扰动-损伤-修复综合评价与恢复方案[D].徐州:中国矿业大学,2021.

[6] 杜金龙,潘树仁,刘长友,等.面向绿色矿山的注浆关键技术与工程示范[J].矿业科学学报,2023(3):293-307.

[7] 李杏茹,禚传源,赵祺彬,等.基于标准比较的我国绿色矿山建设国际化水平与质量提升[J].矿业研究与开发,2023,43(4):224-232.

[8] 许家林.煤矿绿色开采20年研究及进展[J].煤炭科学技术,2020,48(9):1-15.

[9] 王双明,黄庆享,范立民,等.生态脆弱区煤炭开发与生态水位保护[M].北京:科学出版社,2010.

[10] 李涛.陕北煤炭大规模开采含隔水层结构变异及水资源动态研究[D].徐州:中国矿业大学,2012.

[11] BOQUET E, BORONAT A, RAMOS-CORMENZANA A. Production of calcite (calcium carbonate) crystals by soil bacteria is a general phenomenon[J].Nature,1973,246:527-529.

[12] 郑俊杰,宋杨,吴超传,等.玄武岩纤维加筋微生物固化砂力学特性试验[J].华中科技大学学报(自然科学版),2019,47(12):73-78.

[13] DEJONG J T, MORTENSEN B M, MARTINEZ B C, et al. Bio-mediated soil improvement[J].Ecological engineering,2010,36(2):197-210.

[14] 刘庆,林军,谢佳旻,等.MICP复合材料固化软土一维固结试验及机理研究[J].高校地质学报,2023,29(3):487-496.

[15] 许天驰,张浩男,贾苍琴,等.微生物诱导碳酸钙沉淀改良黄土的崩解性试验研究[J].硅酸盐通报,2023,42(2):674-681.

[16] 钱鸣高.资源与环境协调(绿色)开采[J].煤炭科技,2006(1):1-4.

[17] 钱鸣高,许家林,缪协兴.煤矿绿色开采技术的研究与实践[J].能源技术与管理,2004(1):1-4.

[18] 钱鸣高,许家林,缪协兴.煤矿绿色开采技术[J].中国矿业大学学报,2003,32(4):343-348.

[19] 王皓,董书宁,尚宏波,等.国内外矿井水处理及资源化利用研究进展[J].煤田地质与勘探,2023,51(1):222-236.

[20] 武强,郭小铭,边凯,等.开展水害致灾因素普查防范煤矿水害事故发生[J].中国煤炭,2023,49(1):2-15.

[21] 武强,李慎举,刘守强,等.AHP法确定煤层底板突水主控因素权重及系统研发[J].煤炭科学技术,2017(1):154-159.

[22] 赵白航,范飒,卞伟,等.煤矸石对高矿化度矿井水中溶解性有机质的吸附性能[J].北京工业大学学报,2022,48(9):989-997.

[23] 杨晓蕴.碱激发煤矸石基地质聚合物及固化盐渍土性能研究[D].呼和浩特:内蒙古农业大学,2022.

[24] 马宏强.碱激发煤矸石-矿渣胶凝材料性能与混凝土耐久性能研究[D].北京:中国矿业大学(北京),2021.

[25] 董书宁,刘其声,王皓,等.煤层底板水害超前区域治理理论框架与关键技术[J].煤田地质与勘探,2023,51(1):185-195.

[26] 李涛,高颖,艾德春,等.基于承压水单孔放水实验的底板水害精准注浆防治[J].煤炭学报,2019,44(8):2494-2501.

[27] 李涛.西部生态脆弱矿区煤-水协调开采技术与实践[M].徐州:中国矿业大学出版社,2020.

[28] 马旭.瓦斯预抽钻孔围岩破坏特性及注浆封堵研究[D].徐州:中国矿业大学,2022.

[29] 柏金松.冲击荷载作用下速凝封孔材料动态力学性能研究[D].淮南:安徽理工大学,2021.

[30] 李志贤.新型封孔材料动力学性能SHPB试验研究[D].淮南:安徽理工大学,2021.

[31] 龚鹏,马占国,和泽欣,等.矸石充填工作面沿空留巷围岩结构演化机理[J].采矿与安全工程学报,2023,40(4):764-773.

[32] 唐建新,王潇,袁芳,等.基于位移反分析法的沿空留巷巷道矿压分布规律[J].煤矿安全,2023,54(2):128-134.

[33] 曹悦.综放工作面沿空留巷组合充填体失稳机理及围岩控制技术研究[D].徐州:中国矿业大学,2022.

[34] 张文章.切顶沿空留巷关键参数及技术应用研究[D].徐州:中国矿业大学,2021.

[35] 张晓.浅埋煤层支卸组合沿空留巷围岩控制机理及技术[D].北京:煤炭科学研究总院,2021.

[36] 任帅,余国锋.超高水充填开采冲击地压防控效果研究[J].矿业研究与开发,2022(6):74-78.

[37] 毕银丽,彭苏萍,杜善周.西部干旱半干旱露天煤矿生态重构技术难点及发展方向[J].煤炭学报,2021,46(5):前插1-前插2.

[38] 侯恩科,谢晓深,冯栋,等.浅埋煤层开采地面塌陷裂缝规律及防治方法[J].煤田地质与勘探,2022,50(12):30-40.

[39] STABNIKOV V，CHU J，IVANOV V，et al.Erratum to：Halotolerant，alkaliphilic urease-producing bacteria from different climate zones and their application for biocementation of sand[J].World journal of microbiology and biotechnology，2014，30 (4)：1433.

[40] 梁仕华，林坚鹏，牛九格，等.生蚝壳作为微生物固化砂土钙源的试验研究[J].广东工业 大学学报，2020，37(1)：48-52.

[41] 彭劼，何想，刘志明，等.低温条件下微生物诱导碳酸钙沉积加固土体的试验研究[J].岩 土工程学报，2016，38(10)：1769-1774.

[42] 赵晓婉，吕进，王梅花，等.微生物及水泥固化砂土的力学特性对比试验研究[J].工业建 筑，2020，50(12)：15-18.

[43] 李国生，朱小骏.MICP 技术对水泥砂浆裂缝修复效果研究[J].四川建筑科学研究， 2020，46(4)：89-95.

[44] 刘志明，孙益成，冯清鹏，等.MICP 胶结液中尿素过量的影响研究[J].防灾减灾工程学 报，2020，40(4)：574-580.

[45] 孙潇昊，缪林昌，吴林玉，等. 低温条件下微生物诱导固化对比研究[J]. 岩土力学， 2018，39(S2)：224-230.

[46] 王绪民，王铖，崔芮.微生物在不同营养盐环境下矿化产物研究[J].工业建筑，2019，49 (10)：208-212.

[47] 徐宏殷，练继建，闫玥.多试验因素耦合下 MICP 固化砂土的试验研究[J].天津大学学 报(自然科学与工程技术版)，2020，53(5)：517-526.

[48] 孔繁浩，赵志峰.溶液环境下微生物诱导碳酸钙沉积影响因素研究[J].林业工程学报， 2017，2(4)：146-151.

[49] 梁仕华，曾伟华，肖雪莉，等.纤维长度对微生物胶结砂力学性能的影响[J].工业建筑， 2019，49(10)：136-140.

[50] 郑俊杰，宋杨，吴超传，等.玄武岩纤维加筋微生物固化砂力学特性试验[J].华中科技大 学学报(自然科学版)，2019，47(12)：73-78.

[51] 庄心善，王康，李凯，等.磷尾矿-EPS 玄武岩纤维改良膨胀土试验研究[J].公路工程， 2019，44(1)：38-43.

[52] 璩继立，胡晨凯，赵超男.玄武岩纤维和纳米二氧化硅加筋上海黏土的抗剪强度试验研 究[J].水资源与水工程学报，2017，28(3)：186-192.

[53] 吴新锋.玄武岩纤维改善膨胀土性能试验研究[J].公路交通科技(应用技术版)，2017， 13(12)：67-69.

[54] 张嘉睿.神南煤矿区下行裂隙微生物介入修复技术的实验研究[D].西安：西安科技大 学，2021.